Martina Baumgartner

Die kleinen Helfer der Erde

Umweltschutz für Kinder

Ein Kinderbuch für Natur und Umwelt

Kleine Weltenretter gesucht!

Wie du helfen kannst, unsere Erde zu schützen

Hallo, liebe junge Leserin, hallo lieber junger Leser,

bestimmt hast du dir einmal vorgestellt, ein Superheld oder eine Superheldin zu sein – jemand, der die Welt rettet. Doch natürlich glaubst du, dass das alles nur Geschichten sind. Es gibt keine Bösewichte, die die Welt zerstören wollen. Und es gibt auch keine Superhelden.

Doch damit liegst du falsch. Unsere Erde, so wie wir sie kennen und alle lieben, ist in Gefahr. Unsere Welt, in der wir leben, wird jeden Tag ein kleines Stück zerstört. Viele merken dies gar nicht. Vielleicht wollen sie es auch nicht merken. Aber unsere Erde braucht Superhelden, die dabei helfen, sie zu retten. Richtig gelesen, sie braucht viele Superhelden, jeden einzelnen. Denn die Aufgabe ist zu schwierig für einige wenige Superhelden. Und deshalb bist du nun gefragt. Sei ein Superheld, der dabei hilft, die Welt zu retten. Das ist gar nicht so schwer, wie du vielleicht bislang geglaubt hast. Es müssen nur viele dabei mithelfen. Und damit du ganz genau weißt, was du zu tun hast, und vor allen Dingen, WARUM das so wichtig ist, erfährst du in diesem Buch alles Wichtige zum Thema Umweltschutz.

Umweltschutz – was ist das überhaupt? Vielleicht hast du bereits mitbekommen, dass in den Nachrichten dieses Wort immer wichtiger geworden ist. Politiker auf der ganzen Welt treffen sich und beratschlagen, wie die Umwelt, also die „Welt, die uns umgibt" gerettet werden kann. Denn wir alle haben längst gemerkt, dass wir unserer Erde in den letzten Jahrzehnten viel zu viel zugemutet haben.

Erwachsene sagen oft: **„Es ist 5 vor 12."** Sie meinen damit, dass es knapp wird. Es ist noch nicht zu spät, etwas für den Umweltschutz und damit für den Erhalt der Erde zu tun. Doch es ist wirklich dringend, denn viel Zeit bleibt nicht mehr.

Jeder einzelne Mensch kann und muss etwas beitragen, um die Erde wieder zu einem Ort zu machen, an dem wir alle lange glücklich leben können. Auch du kannst etwas dafür tun. Vielleicht denkst du dir: **„Ich bin nur ein Kind, was kann ich denn schon groß tun?"** Vielleicht glaubst du, dass es sinnlos ist, wenn einige wenige, vor allen Dingen junge Menschen, etwas zu verändern versuchen. Du hast sicher oft die Erfahrung gemacht, dass letzten Ende die Erwachsenen bestimmen, was gemacht wird, und die Meinung eines Kindes nicht zählt. Aber in diesem Fall ist es anders. Ghandi hat einmal gesagt: „Sei die Veränderung, die du dir zu sehen wünschst." Dass bedeutet, dass du selbst mit deinen Taten etwas zu einer großen Veränderung beitragen kannst.

Um etwas zu verändern, ist es wichtig, zu verstehen, worin das Problem liegt und warum eine Lösung so wichtig ist. In diesem Buch wirst du so ziemlich alles wichtige zum Thema Umweltschutz erfahren. Es liefert dir viele Informationen zu den Themen Energie, Müllentsorgung und Tierschutz. Du erfährst, wie spannend es sein kann, Teil einer so großen Geschichte zu sein. Und damit du der Held dieser Geschichte bist, erfährst du auch, was du jeden Tag tun kannst, um gemeinsam mit allen anderen die Welt zu retten.

Inhaltsverzeichnis

Warum braucht unsere Erde unseren Schutz?

Die Welt war für uns Menschen immer schon da. Es gab sie lange, bevor der erste Mensch geboren wurde. Deshalb ist sie für uns selbstverständlich. Du hast dir womöglich noch nie Gedanken darüber gemacht, woher die Luft kommt, die du atmest, woher dein Körper Nahrung, Wasser und wichtige Nährstoffe erhält. Sicher haben deine Eltern dir erklärt, dass du darauf achten musst, dich beispielsweise gesund zu ernähren, nicht zu viel fernzusehen und dich an der frischen Luft zu bewegen. Denn alles das ist gesund. Doch dabei vergessen wir oft, dass vitaminreiches Obst und Gemüse, wertvolles Getreide, reines Wasser und frische Luft Dinge sind, die wir von unserer Erde erhalten. **Wir sagen auch oft:** Das sind Geschenke von Mutter Natur. Da ist etwas Wahres dran, denn all diese Dinge von der Natur zu erhalten, ist ein Geschenk.

Hast du dir einmal überlegt, dass unser Weltraum nahezu unendlich groß ist? Tatsächlich wissen wir nicht genau, wie groß der Weltraum ist, denn er weitet sich ständig aus, bewegt und verändert sich. Und für uns Menschen gibt es nur bedingt die Möglichkeit zu erfassen wie groß der Weltraum wirklich ist. Wissenschaftler sprechen davon, dass wir nur das messen können, was wir sehen. Aber wir wissen gleichzeitig, dass wir längst nicht alles sehen können. Das Weltall breitet sich nicht in Metern oder Kilometern aus, sondern in Lichtjahren. Ein Lichtjahr ist die Zeit, die das Licht in einem Jahr zurücklegt. Das geht also ziemlich schnell. Und wenn wir beobachten, wie sich das Weltall weiter ausdehnt, so wissen, wir, dass es einen Durchmesser von 93 Milliarden Lichtjahren hat.

Gleichzeitig gehen die Wissenschaftler davon aus, dass unser Universum bereits 13,819 Milliarden Jahre alt ist. Wir wissen nicht, wie viele Sterne, Sonnen, Monde und Planeten sich darin bewegen. Wahrscheinlich sind es unendlich viele. Ständig kommen neue dazu, während andere verschwinden.

Das alles sind Zahlen, die sich kein Mensch so richtig vorstellen kann. In unserer Vorstellung ist das alles unendlich groß, unendlich viel. Und inmitten dieser Milliarden von Jahren und Sternen ist irgendwann unsere Erde entstanden. Sie ist etwas ganz Besonderes. Die Erde ist der einzige Planet, den wir kennen, der Menschen, Tieren und Pflanzen Lebensraum schenken kann. Das ist möglich, weil sie uns das perfekte Verhältnis von Sauerstoff, Wasser und Sonnenlicht bietet. Es gibt andere Planeten, die beispielsweise zu nah an der Sonne sind. Diese sind viel zu heiß, als dass dort Leben entstehen könnte. Andere wiederum sind zu weit entfernt und sind deshalb viel zu kalt, um dort zu leben. Wieder andere sind von giftigen Gasen umhüllt, oder sie haben kein Wasser, so dass keine Pflanzen wachsen können. Und ohne Pflanzen kann es weder Menschen noch Tiere geben.

Die Erde ist also wirklich ein kleines Wunder. Sie stellt ein perfektes System dar, in dem Pflanzen, Menschen und Tiere entstehen konnten. Dabei hat sich die Natur über Milliarden von Jahren entwickelt. Alles ist miteinander im Gleichgewicht. Die meisten Pflanzen und Lebewesen sind aufeinander angewiesen. Sie bilden Partnerschaften. In einem gesunden Gleichgewicht entsteht Neues und vergeht Altes.

Doch dann kam der Mensch und der hat einen großen Vorteil gegenüber anderen Lebewesen: Er hat ein besonders ausgeprägtes Gehirn. Er kann denken, planen, forschen und Dinge erfinden. Und so hat der Mensch in der Zeit, in der er auf der Erde lebt, vieles erfunden und verändert. Für uns ist das natürlich etwas sehr Gutes. Wir haben Maschinen, die uns Arbeit abnehmen, wir haben Fahrzeuge und Flugzeuge, mit denen wir von einem Ort zum anderen reisen können. Wir haben Kunststoffe erfunden, die uns unabhängig von teuren Naturmaterialien wie Holz oder Papier machen, und vieles mehr. Und bei all dem haben die Menschen leider zu spät bemerkt, dass sie in die Natur eingreifen und das empfindliche System durcheinanderbringen. Das hat Folgen.

Stell dir beispielsweise einmal die vielen Städte vor, die gebaut wurden. Menschen brauchen Platz. Sie wollen Häuser, Fabriken, Geschäfte, Schulen, Krankenhäuser und vieles mehr. Das ist alles sehr wichtig. Doch dafür müssen wir Fläche schaffen. Noch vor 100 oder 200 Jahren gab es viel mehr Wiesen und Wälder. Vielleicht hast du die Möglichkeit, dir Bilder deines Heimatortes anzusehen: Wie sah die Stadt oder das Dorf vor 100 bis 200 Jahren aus? Welche Häuser gab es damals schon? Was war noch unberührte Natur? Heute sind mit Sicherheit viele Wiesen und Wälder in der Umgebung verschwunden. Stattdessen befinden sich dort nun Parkplätze, Industriegelände, Supermärkte und vieles mehr. Die Wiesen und Wälder jedoch waren ein wichtiger Lebensraum für viele Tierarten – vor allem Insekten. Da sie ihren Lebensraum nun nicht mehr haben, sind diese Insekten vom Aussterben bedroht. Es ist schlimm genug, dass sie nach und nach von unserer Erde verschwinden. Gleichzeitig dienen sie jedoch auch als Nahrung für größere Tiere. Damit werden auch diese vom Aussterben bedroht. Und letzten Endes trifft das auch uns Menschen: Gibt es keine Insekten mehr, die zur Bestäubung beitragen, so gibt es für uns auch kein Obst und kein Gemüse.

Auf diese Art und Weise tragen Menschen schon lange dazu bei, dass die Erde aus dem Gleichgewicht gebracht wird, dass sich das Klima verändert, Tiere aussterben, Rohstoffe knapp werden und die Lebensumstände sich für uns alle ändern. Wir sägen also an dem Ast, auf dem wir selbst sitzen. Das ist ziemlich dumm, findest du nicht?

Aus diesem Grund braucht die Erde unseren Schutz. Sie ist viele Milliarden Jahre alt. Wenn wir Menschen an unserem Verhalten nichts ändern, zerstören wir sie – und damit den Ort, an dem wir leben. Das geschieht sicherlich nicht im nächsten Jahr, doch bereits in 50 Jahren könnte sich unser Leben sehr verändert haben. Vielleicht hast du dann Kinder, vielleicht sogar Enkelkinder. Auch sie möchten glücklich erwachsen werden – in einer Welt, die ihnen sauberes Wasser, frische Luft und zahlreiche Tier- und Pflanzenarten bietet. Wäre es nicht schlimm, wenn es diese Erde dann so nicht mehr gäbe?

Jeder Einzelne ist wichtig

Ein Mensch allein kann der Erde nichts anhaben. Doch es sind die vielen Menschen weltweit, die gemeinsam dazu beitragen, dass die Erde in eine echte Krise gerät. Deshalb müssen sich also auch möglichst viele zusammenschließen und etwas dafür tun, dass unsere Erde geschützt wird. Jeder einzelne Mensch kann mit seinem Verhalten etwas dazu beitragen, unsere Umwelt zu schützen. Manchmal sind es nur kleine Änderungen unserer Gewohnheiten, manchmal wirklich nur Kleinigkeiten, die gemeinsam große Veränderungen bewirken. Manchmal müssen wir Menschen aber auch auf Dinge, die wichtig für uns sind, verzichten. Deshalb fällt es vielen auch so schwer, etwas für die Umwelt zu tun.

Vielleicht zweifelst du selbst daran, dass du etwas verändern kannst. Vielleicht hast du aber auch Angst, auf Dinge zu verzichten, die du magst. Das ist völlig in Ordnung. Niemand erwartet von dir, ab sofort alles perfekt zu machen. Das können auch die meisten Erwachsenen nicht. Du hast einen ersten wichtigen Schritt gemacht, wenn du nun angefangen hast, über die Umwelt und die Art, wie wir damit umgehen, nachzudenken. Hinzusehen und aus den Fehlern zu lernen, ist der nächste Schritt. Immer, wenn du etwas veränderst – und sei es nur eine Kleinigkeit, die dir gar nicht wehtut – leistest du einen wichtigen Beitrag zum Umweltschutz.

Eines vorweg: Du solltest keineswegs glauben, dass Umweltschutz gähnend langweilig ist. Im Gegenteil: Das Thema Erde und ihr Schutz ist spannender als jeder Krimi. Du stehst an jedem Tag vor einer Aufgabe. Und jeden Tag musst du diese Aufgabe lösen. Dazu brauchst du Geschick, manchmal ein bisschen Mut und den festen Willen, dich nicht unterkriegen zu lassen. Wie jeder echte Superheld wirst du auch Gegner haben, die es zu besiegen gilt. Diese Gegner sind nicht etwa echte Bösewichte, die dich mit Laserschwertern, Feuerblitzen oder anderen Waffen bedrohen, sondern Menschen, die sich nicht gut genug auskennen, die dich nicht verstehen oder die selbst einfach zu faul sind, um etwas zu verändern.

Doch so willst du nicht sein, nicht wahr? Bist du bereit, dich einzusetzen? Hast du Lust, mehr darüber zu erfahren? Dann aufgepasst!

In den folgenden Kapiteln wirst du alles zum Thema Umweltschutz erfahren. Wir haben viele spannende Informationen für dich gesammelt und erklären dir, was es mit Begriffen wie Klimawandel, CO_2-Ausstoß oder Recycling auf sich hat. Nach und nach verstehst du, welchen Gefahren unsere Erde und damit auch wir Menschen ausgesetzt sind und was du selbst dazu beitragen kannst, etwas zu verändern. Mit jedem Kapitel erhältst du außerdem deine persönlichen Herausforderungen, denen du dich stellen musst. Wie ein Superagent musst du nämlich Schritt für Schritt deine Fähigkeiten ausbauen und dich an dein Ziel heranarbeiten. Keine leichte Aufgabe – aber du schaffst das!

Sicherlich wirst du die Welt danach mit ganz anderen Augen sehen. Und mit Sicherheit wirst du entdecken, dass Umweltschutz manchmal sogar richtig Spaß machen kann.

Klimawandel - Was ist daran so gefährlich?

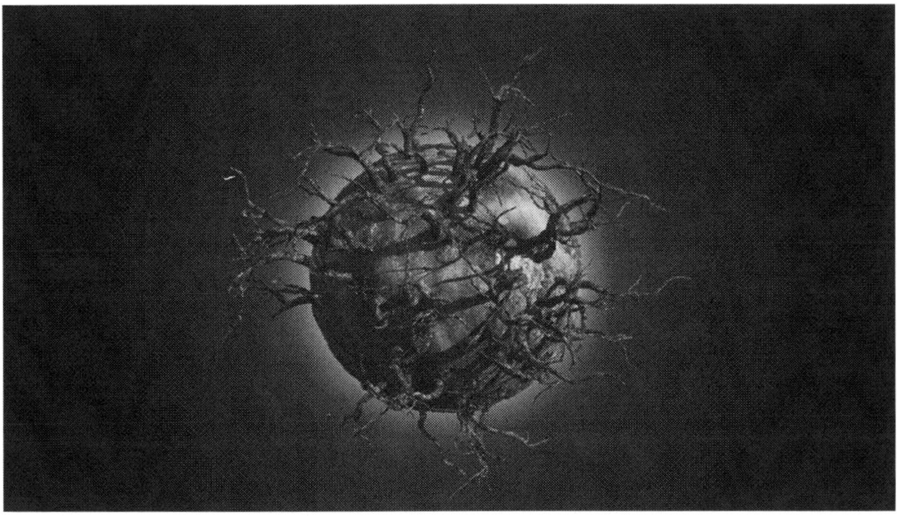

Wenn du ein wenig die Nachrichten mitverfolgst oder zuhörst, wie sich Erwachsene unterhalten, wirst du bestimmt bereits häufiger das Wort **„Klimawandel“** gehört haben. Denn das ist ein sehr aktuelles Thema. Es ist so wichtig, dass längst nicht mehr nur Erwachsene darüber sprechen. Auch Kinder und Jugendliche beschäftigen sich mit Klimaschutz und beginnen, die Erwachsenen dazu aufzufordern, etwas an ihrem Verhalten zu ändern. Deshalb haben sie die Aktion **„Fridays for Future“** ins Leben gerufen. Sie nutzen regelmäßig den Freitag, um zu demonstrieren statt in die Schule zu gehen. Das tun sie natürlich nicht, weil sie keine Lust auf Schule haben, sondern weil sie wissen, dass Erwachsene aufmerksam werden, wenn Schüler einfach streiken.

Sie versammeln sich vor öffentlichen Gebäuden und auf den Straßen. Sie laufen durch die Orte und machen so auf sich aufmerksam. Damit machen sie allen Erwachsenen auf sich aufmerksam: Seht her, wir wünschen uns eine bessere Zukunft. Und die gibt es nur, wenn ihr uns dabei helft, das Klima zu schützen!

Was bedeutet Klimawandel?

Wenn wir vom Klima sprechen, meinen wir meist, wie warm es an einem Ort ist, wie oft es regnet, wie hoch die Luftfeuchtigkeit ist und so weiter. Vielleicht bist du schon einmal in ein anderes Land gereist und hast bemerkt, dass es dort viel wärmer und trockener war als in Deutschland. Das liegt daran, dass in diesem Land ein anderes Klima herrscht.

Die Erde selbst hat im gesamten auch ein bestimmtes Klima. Weil sich die Erde über Millionen von Jahren verändert, ist es normal, dass sich auch das Klima verändert. Wir gehen heute zum Beispiel davon aus, dass die Dinosaurier wegen dieser Klimaveränderung ausstarben. Klimawandel ist also eigentlich etwas Normales. Doch er vollzieht sich in einem sehr langen Zeitraum, also so, dass es die Menschheit kaum bemerken würde. Doch nun haben die Menschen irgendwann angefangen, in die Natur einzugreifen. Damit wurde der Klimawandel beschleunigt.

Das ist zunächst gar nicht aufgefallen. Doch vor ungefähr 100 Jahren haben Wissenschaftler angefangen, Daten über das Klima zu sammeln. Sie notieren, wie warm oder kalt es zu bestimmten Jahreszeiten ist, wie oft es regnet oder schneit und vieles mehr. Nachdem sie diese Daten verglichen haben, haben sie festgestellt, dass es in den letzten 100 Jahren immer wärmer geworden ist. So schnell, wie sich das Klima ändert, glauben viele Forscher heute, dass es nun so warm ist wie in den gesamten letzten 1000 Jahren nicht. Gerade in den letzten Jahrhunderten haben die Menschen große Erfindungen wie Maschinen, Autos und Flugzeuge gemacht, sie haben die Elektrizität und Atomenergie entdeckt und auch, wie sie chemische Stoffe herstellen können. Es kann also kein Zufall sein, dass sich gerade in diesen letzten Jahren das Klima plötzlich so verändert hat. Die Forscher, die diese Daten sammeln, sind sich daher einig, dass der Mensch Schuld am Klimawandel hat.

Ist der Klimawandel gefährlich?

Vielleicht fragst du dich, was schlimm daran sein soll, wenn es auf der Erde wärmer wird. Schließlich ist Wärme doch etwas Schönes. Niemand möchte gerne frieren.
Doch die Erderwärmung hat katastrophale Folgen für die Natur.

Zum Beispiel beginnt durch die steigenden Temperaturen das Eis der Gletscher am Nord- und am Südpol zu schmelzen. Das sieht man auf Satellitenaufnahmen sehr gut. Viele der großen Eisflächen, die vor wenigen Jahrzehnten noch vorhanden waren, sind heute verschwunden. Doch Eis „verschwindet" natürlich nicht einfach so. Es schmilzt zu Wasser. Und dieses Wasser sorgt dafür, dass der Wasserspiegel der Meere ansteigt. Der Meeresspiegel ist bereits um einen Zentimeter gestiegen. Das klingt erst einmal nicht schlimm, hat aber Folgen. Sollte der Meeresspiegel weiter ansteigen, wird es zu Überflutungen der Küsten kommen. Inseln, auf denen Tiere und Menschen leben, könnten völlig im Meer versinken.

Außerdem steigt gleichzeitig die Temperatur des Wassers. Verändert sich der Temperaturunterschied zwischen Wasser und Luft, kommt es zu Wirbelstürmen. Forscher haben festgestellt, dass diese immer dann entstehen, wenn das Wasser des Meeres auf mindestens 26 Grad ansteigt. Die Wirbelstürme bilden sich auf dem offenen Meer und steuern dann unaufhaltsam auf die Küsten und auf das Festland zu. Jedes Jahr richten sie entsetzliche Verwüstungen an.

Auch andere Naturkatastrophen können wir auf den Klimawandel zurückführen. Viele Länder sind von großen Dürren bedroht. Aus Wassermangel sterben Tiere und Menschen. Landwirte können ihre Felder nicht mehr bewässern. Dadurch entsteht Hungersnot und Armut. An manchen Orten häufen sich Waldbrände und zerstören wichtigen Lebensraum.

Die Menschen haben lange geglaubt, dass Naturkatastrophen völlig normal sind und etwas, das der Mensch gar nicht beeinflussen kann. Doch die Forscher sind sich heute einig, dass der Klimawandel diese Naturkatastrophen viel häufiger vorkommen und dass der Mensch diesen Klimawandel verursacht hat.

Warum tragen wir Schuld an der Erderwärmung?

Ist es nicht faszinierend, dass wir lächerlich kleinen Menschen Schuld daran tragen sollen, dass sich das Klima dieser Erde verändert hat? Hast du dich auch schon gefragt: Wie kann ich dazu beitragen, dass es draußen wärmer oder kälter wird? Wie soll ich den Wind oder das Meerwasser beeinflussen?

Vorstellen kann man sich das kaum, nicht wahr? Aber nun stell dir stattdessen einmal einen riesigen Baum vor. Vielleicht eine mehr als Hundert Jahre alte Eiche. Ihr Stamm ist dick und fest im Boden verwurzelt. Ihre Äste ragen in den Himmel. Was könnte solch einen großen Baum umstoßen? Nichts, sollte man annehmen. Und doch kommt eines Tages ein Sturm und die Eiche fällt plötzlich einfach so um, als wäre sie nichts weiter als ein Strohhalm. Das erscheint dir vielleicht als ganz normal. Es gibt nun einmal starke Stürme und die kann niemand beeinflussen. Es ist eine natürliche Katastrophe, für die niemand etwas kann. Doch wenn du genauer darüber nachdenkst, wirst du feststellen, dass noch etwas anderes der Grund sein muss, denn eigentlich sollte ein normaler Sturm keinen alten Baum umwerfen können. Unsere alte Eiche hat schließlich noch viel schlimmere Stürme hinter sich. Was wäre nun also, wenn dir jemand sagte, dass ein winzig kleines Tierchen, ein Insekt, für das Umfallen der Eiche verantwortlich wäre? Du würdest womöglich lachen. Wie sollte auch ein winzig kleines Insekt dem großen Baum etwas anhaben? Und schließlich ist es doch klar, dass der Baum während eines Sturms umgefallen ist. Also trägt DER doch die Schuld. Ist es nicht so?

Tatsächlich ist das aber nur die halbe Wahrheit. In Wirklichkeit handelt es sich bei dem Insekt um eine Termite, die sich von Holz ernährt. Und sie tut das nicht allein. Sie hat Tausende von Freunden, die gemeinsam mit ihr ein Stück Holz oder auch einen ganzen Baum befallen können. Sie fressen sich durch winzig kleine Löcher in den Stamm hinein. Dort unbemerkt fressen sie über Jahre hinweg. Immer mehr winzig kleine Löcher entstehen. Und so wird der Baum immer mehr ausgehöhlt, stirbt ab und wird brüchig, ohne, dass man es von außen sehen könnte. Und dann reicht nur ein leichter Windstoß, um den entkräfteten Baum umzuwerfen.

Der Sturm war also nur der Auslöser. Verursacher für das Baumsterben waren Tausende winzig kleiner Termiten, die über einen sehr langen Zeitraum den Baum von innen heraus zerstört haben.

Und nun stelle dir vor, dass wir so etwas wie Termiten sind, die über einen längeren Zeitraum unser Klima geschädigt haben. Denn genauso ist es. Du hast dazu beigetragen, deine Eltern, deine Freunde, Nachbarn, Lehrer und alle anderen Menschen, die du kennst oder auch nicht kennst. Ohne, dass es jemandem bewusst war. Und ganz sicher hat niemand etwas Böses gewollt.

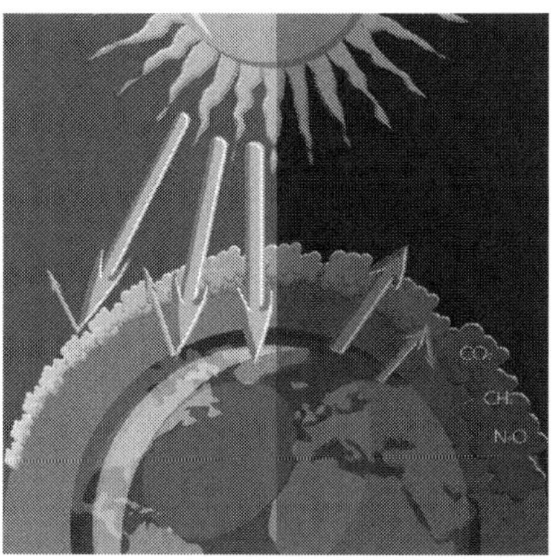

Wir tragen große Schuld an der Erderwärmung, weil wir den so genannten Treibhauseffekt verstärken. Wir tun also täglich Dinge, die das Erdklima erwärmen. Um etwas zu verändern, müssen wir also das Gegenteil tun und dazu beitragen, diesen Treibhauseffekt wieder zu verringern. Das ist möglich, doch es ist wichtig, dass alle dazu beitragen. Zum Glück haben viele Politiker dies auch erkannt. Deshalb haben sich die Vertreter fast aller Länder dieser Erde zu einem Klimatreffen zusammengefunden und einen Vertrag verhandelt. In diesem so genannten Weltklimavertrag verpflichten sich alle teilnehmenden Länder, Gesetze und Maßnahmen zum Schutz des Weltklimas durchzuführen und gleichzeitig dafür zu sorgen, dass weniger Treibhausgase ausgestoßen werden.

Jetzt denkst du vielleicht: Na, das ist doch prima, wenn die Länder etwas tun. Dann muss ich ja nichts mehr machen! Ganz so leicht ist es aber nicht. Länder können Gesetze beschließen. Einhalten müssen diese aber die Menschen, die in diesen Ländern leben. Und sie müssen ihre Gewohnheiten ändern.

Und hier beginnt deine persönliche Superheldenaufgabe.

Umweltschutz für Kinder - Auch du kannst etwas tun!

Das Großartige am Umweltschutz ist, dass du jeden Tag etwas dazu beitragen kannst, unsere Erde zu schützen. Ganz gleich, wie alt oder wie stark du bist. Jeder einzelne ist wichtig. Und die Umwelt ist für UNS wichtig. Du bewegst dich tagtäglich in dieser Umwelt. Du atmest Luft, um zu leben. Du trinkst Wasser, du isst, was die Natur uns gibt. Und tagtäglich tust du Dinge, die diese Umwelt beeinflussen. Das kann gut oder schlecht sein – die Entscheidung liegt ganz bei dir. Ist es nicht großartig, so viel Macht zu haben?

Doch wer Macht hat, muss natürlich auch umsichtig sein. Die echten Superhelden sind nicht nur stark, sondern auch klug. Sie wissen, wo das Problem liegt und was sie tun müssen. Damit du ein echter Superheld wirst, bekommst du nun die Gelegenheit, etwas über die Natur zu lernen.

Luft zum Atmen

Du weißt natürlich, dass jeder Mensch, jedes Tier und jede Pflanze Luft zum Atmen braucht. Ohne Luft gäbe es kein Leben auf dieser Erde. Das können wir sehr gut an den vielen anderen Planeten sehen, die sich im Weltraum bewegen. Die meisten haben keine Hülle aus wertvollem Sauerstoff so wie unsere Erde. Deshalb sind diese Planeten auch öd und leer.

Doch hast du dich einmal gefragt, was Luft überhaupt ist? Wir können sie nicht sehen, nicht hören. Aber sie ist da. Und du kannst sie fühlen – nämlich immer dann, wenn sich in dieser Luft etwas bewegt. Dann nimmst du die Luft als Hauch, manchmal sogar als Wind wahr.

Wenn man es streng betrachtet, ist die Luft das wichtigste, das uns die Erde geschenkt hat. Denn wusstest du, dass du bis zu vier Wochen ohne Essen aushalten könntest? Ohne Flüssigkeit wie Wasser könntest du immerhin noch drei Tage leben. Aber ohne Luft überlebt ein Mensch nur wenige Minuten.

Wie funktioniert das mit der Atmung?

Als kleines Baby musstest du alles erst einmal lernen. Du konntest zu Beginn nicht essen, nicht laufen, nicht sprechen. Der Mensch lernt ab dem Beginn seines Lebens bis ins hohe Erwachsenenalter immer wieder neue Dinge. Und manche verlernt er auch wieder. Doch es gibt etwas, das kann jeder Mensch von Geburt an. Und er tut es, bis er irgendwann stirbt. Hast du es erraten? Natürlich, es ist das Atmen.

Du atmest jeden Tag ganz automatisch. Dein Körper weiß – ohne dass du dir darüber Gedanken machen müsstest – was du brauchst, und holt sich die lebensnotwendige Luft ganz von allein.

Doch was ist Luft überhaupt? Wieso ist sie so wichtig? Sie ist doch eigentlich fast so etwas wie „nichts“? Und wie kann „nichts“ so wichtig für deinen Körper sein? Um diese Frage zu beantworten, müssen wir uns die Luft genauer ansehen. Denn Luft ist alles andere als „nichts“. Das Wunderbare an unserer Natur ist, dass es so viel mehr gibt, als wir mit bloßem Auge erkennen können. Es kommt also tagtäglich vor, dass etwas um dich herum ist, du aber nicht sehen kannst. Manchmal hast du keine Ahnung, dass es überhaupt existiert. Ist das nicht spannend?

Das gilt ganz besonders für die Luft. Sie ist ein unsichtbares Gasgemisch, das aus ganz vielen kleinen Teilchen besteht. Zum größten Teil besteht unsere Luft aus so genanntem Stickstoff. Wenn du dir einfach eine Handvoll Luft greifen könntest und hättest 100 Teilchen in der

Hand, so wären 78 davon Stickstoff-Teilchen. 21 wären Sauerstoff-Teilchen. Der winzig kleine Rest sind verschiedene andere Gase. Was für uns Menschen wichtig ist, ist der Sauerstoff. Den Rest brauchen wir gar nicht. Nur diesen Teil aus der Luft herauszuholen, ist Aufgabe unserer Atmung.

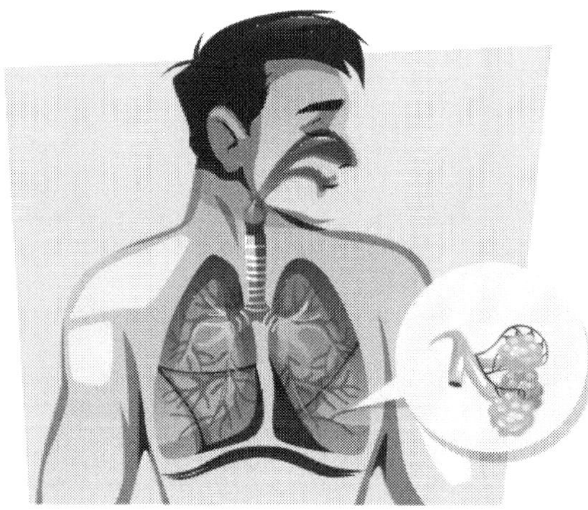

Schauen wir uns doch einmal an, wie das mit der Atmung funktioniert: Wenn du atmest, ziehst du Luft durch deine Nase oder durch deinen Mund ein. Sie strömt tief in deinen Körper, über deinen Mund, durch deinen Rachenraum in die so genannte Luftröhre. Diese kannst du dir wie einen Schlauch vorstellen, der die Atemluft hinunter in deine Lungen transportiert. Die Lungen gehören zu deinen inneren Organen, Teile deines Körpers, die dafür sorgen, dass du leben kannst und gesund bist. In den Lungen warten die Lungenbläschen auf die Luft. Sie sorgen dafür, dass der eingeatmete Sauerstoff, der in der Luft ist, in dein Blut gelangt. Wie du sicher weißt, fließt das Blut durch deinen Körper. So kann der Sauerstoff in alle Teile deines Körpers verteilt werden. Bis in die letzte Zelle. Sauerstoff brauchen die Zellen, um sich zu regenerieren, um ihre Arbeit zu verrichten. Dein Körper ist wie eine riesige Maschine, die aus den vielen kleinen Zellen zusammengebaut ist. Sauerstoff hält die Zellen am Leben.

Doch was passiert mit dem restlichen Gas, das in der eingeatmeten Luft war? Wir brauchen ja nur den Sauerstoff, nicht aber den Stickstoff und die anderen Gase. Die atmen wir einfach wieder aus. Die nun verbrauchte Luft nimmt den gleichen Weg, den sie gekommen ist. Und nicht nur das: Wir atmen Luft aus, die zusätzlich mit einem weiteren Stoff angereichert wurde. Dieser heißt Kohlendioxid.

Da du die Luft nicht sehen kannst – und erst recht nicht die vielen einzelnen Teilchen darin – fällt es dir womöglich schwer, dir das alles vorzustellen. Denk einfach mal daran, wie dein Körper es mit Nahrung und Flüssigkeit macht. Wenn du isst, dann wird in deinem Körper alles, was du zum Leben brauchst, herausgefiltert: Vitamine, Nährstoffe und so weiter. Aber nicht alles, was du isst, braucht dein Körper. Das, was er nicht braucht, und das, was als Abfall aus der Essensverwertung übrigbleibt, stößt dein Körper wieder aus, wenn du auf die Toilette gehst. Nicht anders ist es mit der Luft. Du atmest die Luft mit allem, was in ihr ist, ein, behältst all das Gute für dich und stößt verbrauchte, schlechte Luft wieder aus.

Die Luft mit all ihren unsichtbaren Gasen ist also eine wichtige Lebensgrundlage für Menschen, Tiere und Pflanzen. Und sie erfüllt auch eine weitere Aufgabe: Sie bildet eine große Schicht um unsere ganze Erde herum. Sie ist eine Hülle, die die Erde umschließt und uns beispielsweise vor den gefährlichen UV-Strahlen der Sonne schützt.

Wenn die Luft unsichtbar ist, ist sie dann sauber?

Wenn du das Wort **„Luftverschmutzung"** bereits gehört hast, könntest du dich wundern. Dreck sieht man doch schließlich, oder? Wenn du ein Glas sauberes Wasser nimmst, ist es fast durchsichtig. Ist das Wasser aber verschmutzt, so ist es bräunlich, gelblich oder gräulich. Je schmutziger das Wasser, umso stärker ist die Verfärbung. Aber die Luft ist doch vollkommen unsichtbar. Also müsste man doch glauben, dass sie somit auch sauber ist. Das scheint logisch zu sein, doch so ist es nicht. Denn Schmutz, der in der Luft ist, ist mit bloßem Auge kaum zu sehen. Es muss dir nicht peinlich sein, wenn du das bisher nicht wusstest. Auch die Erwachsenen haben lange Zeit nicht geahnt, wie schmutzig die Luft ist. Deshalb haben sie auch sehr lange das Problem ignoriert.

Wir laden dich zu einem kleinen Experiment ein:

Experiment: Ist die Luft vollkommen sauber?

Wir schauen einmal, ob wir Verschmutzung in unserer Luft erkennen können.

Was du dafür brauchst:

- einen geschlossenen Raum, den du dunkel machen kannst
- eine Taschenlampe

Wenn du dich gerade in einem geschlossenen Raum befindest, dann versuche einmal, diesen abzudunkeln. Du kannst vielleicht die Rollos herunterlassen, die Vorhänge zuziehen und das Licht ausschalten. Nun nimm eine helle Taschenlampe und schalte diese an. Betrachte den Lichtstrahl deiner Lampe. Kannst du etwas erkennen?

Die vielen kleinen Pünktchen, die du siehst, sind Staub- und Schmutzpartikel, kleinste Teilchen, die überall in der Luft sind, die du aber normalerweise nicht siehst. Ist das nicht spannend?

Vielleicht hast du auch schon zuhause erlebt, dass du morgens dein Kissen oder deine Bettdecke ausgeschüttelt hast. Und wenn dann gerade in diesem Moment die Sonne in dein Zimmer geschienen hat, konntest du die vielen kleinen Staubkörnchen in der Luft tanzen sehen. Die sind nicht plötzlich aufgetaucht. Auch sie sind eigentlich immer da – du siehst sie nur nicht.

Diese kleinen Staubteilchen sind immer in der Luft. Das lässt sich gar nicht verhindern. Und es ist auch nicht so schlimm. Dein Superheldenkörper kann diese Partikel ganz leicht wieder loswerden, ohne dass sie dir schaden. Eine Gefahr sind andere Teilchen, die nicht so harmlos sind wie Staub. Und es ist umso schlimmer, wenn die Luft immer mehr von diesen Teilen enthält. Dann sprechen wir von einem Phänomen namens **„Luftverschmutzung“**.

Was ist Luftverschmutzung?

Du weißt nun also, dass die Luft selbst aus verschiedenen Gasen besteht. Ein Gas ist etwas, was man nicht sehen kann. Es ist ganz leicht und unsichtbar. Aber da die Luft überall durchströmt und die ganze Erde wie eine Hülle umgibt, sammelt sie alles, was an Schmutzteilen herumfliegt auf und trägt es mit sich. In der Luft sind daher ganz viele andere Dinge wie Staub, Sand, Duftstoffe und Rauch.

Immer, wenn etwas verbrannt wird, entstehen Rußpartikel. Was Ruß ist, weißt du sicher: Immer, wenn irgendwo etwas verbrannt wurde, entstehen schwarze Rückstände. Ein Streichholz, das angezündet wurde, wird schwarz, so passiert es auch, wenn etwas anderes verbrennt. Diese kleinsten Partikel (Partikel sind übrigens winzig kleine Teilchen) gelangen auch in die Luft. Wenn ein Feuer oder ein Schornstein brennt, kannst du das sehr deutlich sehen, denn der Rauch, der daraus kommt, ist dunkelgrau oder sogar schwarz. Je dunkler der Rauch ist, umso mehr Rußpartikel sind darin enthalten. All das wird in unsere Luft geblasen.

Wenn du einatmest, atmest du also alles ein, was in der Luft enthalten ist. Der Sauerstoff darin ist gesund und lebensnotwendig.

Vieles andere brauchen wir nicht, aber es schadet uns auch nicht. Aber dann gibt es eben diese vielen Teilchen in der Luft, die uns wirklich schaden können, weil dein Körper sie nicht verarbeiten kann. Sie bleiben im Körper und schädigen ihn von innen heraus. Sie sind wirklich tückische kleine Feinde, findest du nicht?

Diese kleinen Teile, die den Menschen krank machen können, nennen wir „Schadstoffe“. Das ist ein sehr passender Name, denn sie schaden unserer Gesundheit.

Vorsicht, Schadstoffe!

Wenn du den kleinen Feind bekämpfen willst, musst du wissen, wer er ist und was er vorhat.

Schadstoffe setzen sich aus kleinen Schmutzteilchen in der Luft zusammen. Diese heißen auch Feinstaub, was ebenfalls ein sehr passender Name ist, denn die Körnchen sind besonders fein. Das ist ihre Superkraft, denn sie können umso leichter überallhin vordringen.

Je mehr Feinstaub in der Luft ist, umso schlechter ist die Luft für uns.

Hinzu kommen giftige Gase wie Kohlenmonoxid oder Schwefeldioxid. Gase sind noch schlimmer, denn sie sind noch feiner als Staub und können noch besser in unseren Körper gelangen.

Doch woher kommt dieser ganze Schmutz in der Luft?

Ein sehr großer Teil davon entsteht, wenn bestimmte Stoffe verbrannt werden. Dazu gehören Erdöl oder Kohle, aber auch andere Stoffe. Autos blasen beispielsweise so genannte Abgase in unsere Luft, aber auch Flugzeuge, Schiffe und sowieso alles, was einen Motor hat und sich bewegt. Je größer die Maschine, umso mehr Energie braucht sie. Und umso mehr Abgase stößt sie auch wieder aus. Auch Kraftwerke, große Fabriken, die für unseren Strom sorgen, tragen zur Luftverschmutzung bei. Giftige Abgase kommen auch von den großen Verbrennungsanlagen, wo der ganze Müll verbrannt wird, den wir Menschen in unsere Tonnen werfen. Und auch aus unseren Häusern strömt jeden Tag Abgas, wenn wir die Heizung anschalten. Du hast jetzt sicher festgestellt, dass du selbst also irgendwie dazu beiträgst, Dreck in der Luft zu verteilen. Denn du fährst mit deinen Eltern im Auto, du wirfst jeden Tag Dinge in den Müll und du drehst in deinem

Zimmer die Heizung auf, wenn dir kalt ist. Behalte diesen Gedanken im Hinterkopf, denn er wird dir helfen, wenn du als Superheld später überlegen wirst, wie du die Luftverschmutzung aufhalten kannst.

Wusstest du, dass auch Massentierhaltung zur Luftverschmutzung beiträgt? Das geschieht durch den vielen Staub, der dabei aufgewirbelt wird. Verrückt, nicht wahr? Zum Thema Massentierhaltung und was daran so schlimm ist, kommen wir später noch einmal.

Übrigens ist der Mensch nicht an allem schuld. Luftverschmutzung kann auch entstehen, wenn ein Vulkan ausbricht. Überlege mal, was da alles an giftigen Gasen und Ruß in die Luft geblasen wird! Gott sei Dank kommt so etwas nicht allzu häufig vor.

Wie kannst du Luftverschmutzung sehen?

Überlege einmal, wo du Luftverschmutzung sehen kannst. Vielleicht hast du dir bisher keine Gedanken darüber gemacht. Aber nun weißt du, wie Luftverschmutzung entsteht. Vielleicht fallen dir nun Beispiele ein, wo du selbst Zeuge einer Luftverschmutzung warst. Welche Situationen hast du bisher erlebt, in denen die Luft ganz offensichtlich nicht sauber war?

- Vielleicht musstest du husten in einem verrauchten Raum?
- Hast du einmal ein Auto beobachtet, aus dessen Auspuff schwarzer Rauch kam?
- Ist dir schon einmal eine Fabrik aufgefallen, aus deren Kamine mächtig dunkler Rauch strömte?
- Hast du einmal an einem Lagerfeuer gesessen und gesehen, wie dunstig die Luft war?

Spurensuche:

Werde zum Luftverschmutzungs-Detektiv

Hast du dir jetzt schon gedacht: Nicht mit mir! Gut so, denn über Luftverschmutzung muss aufgeklärt und sie muss verhindert werden! Du kannst als Detektiv in deiner Umgebung schon einmal auf Spurensuche gehen. Hast du Zeit? Prima, dann kann es ja losgehen!

Gehe mal in der Umgebung, in der du wohnst, ein wenig umher und richte deinen Blick ganz aufmerksam auf sichtbare Spuren der Luftverschmutzung. Folgende Überlegungen können dir helfen, den Luftverschmutzern auf die Schliche zu kommen:

- **Siehst du irgendwo besonders dunklen Rauch aus dem Schornstein kommen?**
- **Riecht es irgendwo besonders eklig nach Abgasen?**
- **Schau dir die Fenster der Häuser an:** Sind die Fenster in bestimmten Wohngegenden schmutziger als woanders? Schmutzige Fenster an einem Haus oder an einer Wohnung können einfach nur darauf hindeuten, dass der Bewohner sie nicht gerne putzt. Wenn dir aber auffällt, dass die Fenster in einer bestimmten Straße an mehreren Häusern auffallend schmutzig sind, ist das ein Zeichen dafür, dass sie hier viel mehr Feinstaub aus der Luft aufnehmen. Woran könnte das liegen?
- **Hier etwas für echte Profi-Detektive:** Sieh dir die Pflanzen in der Umgebung an: Schaue unter die Blätter von Bäumen, Büschen und so weiter. Sind diese sauber? Oder kannst du hier etwa kleine Rußpartikel, also dunkle Staubspuren, erkennen? Wenn dem so ist, ist dies ein sehr schlechtes Zeichen.

Was macht ein echter Detektiv, wenn er Spuren eines Verbrechens entdeckt hat? Er sammelt Beweise! Deshalb kannst du als Umweltdetektiv auch sichtbare Beweise dafür sammeln, dass in bestimmten Umgebungen die Luft besonders schmutzig ist.

Suche dir dafür Orte aus, die deiner Meinung nach schon durch die oben genannten Zeichen von Luftverschmutzung aufgefallen sind. Nimm ein kleines Glas oder etwas Ähnliches und klebe doppelseitiges Klebeband darauf – so, dass eine klebrige Seite nach außen oder oben zeigt und damit der Luft ausgesetzt ist. Deponiere deine kleine Schmutzfalle irgendwo, wo sie unbemerkt eine Woche stehen kann. Du musst also ein kleines Versteck finden, an dem die Müllabfuhr es nicht entsorgt oder jemand anderes es wegnimmt. Platziere so ein Testobjekt mit Klebestreifen, aber versuchsweise auch einmal an einem unbelasteten Ort wie einem Wald oder einem Park.

Nun heißt es, eine Woche warten, ehe du deine Testobjekte wieder einsammelst. Sieh dir die Klebestreifen an und vergleiche sie. Sie werden nicht ganz sauber sein. Denn im Laufe der Woche hat sich garantiert Staub und Schmutz daran festgesetzt. Auf welchen Klebestreifen befindet sich besonders viel Schmutz? Erkennst du vielleicht sogar richtig schwarze Rußpartikel? Denk einmal: Das, was du hier an dem Klebestreifen gesammelt siehst, ist Schmutz, den du unbemerkt jeden Tag einatmest. Ist das nicht grauenvoll?

Die Klebestreifen an den Testobjekten zeigen deutlich, wo in der Umgebung die Luftverschmutzung besonders hoch ist. Überlege dir einmal – vielleicht zusammen mit deinen Eltern – woran das liegen könnte. Gibt es Fabriken in der Gegend? Fahren dort besonders viele Autos? Vielleicht kommt ihr der Luftverschmutzung auf die Spur.

Vergiss aber nicht, dass es darüber hinaus auch Arten von Luftverschmutzung gibt, die du auf diese Weise nicht beweisen kannst.

Was passiert, wenn unsere Luft nicht mehr sauber ist?

Du weißt jetzt, wie schmutzig unsere Atemluft manchmal ist. Doch was ist so schlimm daran? Was passiert denn mit uns, wenn wir diese Luft mit all den Schmutzpartikeln einatmen?

Die traurige Wahrheit ist: Je schmutziger die Luft ist, umso schlechter ist das für unsere Gesundheit. In erster Linie können durch verschmutzte Luft die Atemwege und die Lunge erkranken. Denn die sind ja die erste Anlaufstelle für die schmutzige Luft. Aber da unser Körper über die Blutbahn komplett mit Sauerstoff versorgt wird, können die Schadstoffe überallhin transportiert werden. Sie schaden damit dem Gehirn, dem Kreislauf, sogar dem Herzen. Menschen, die den Schadstoffen lange Zeit ausgesetzt werden, haben ein viel schlechteres Immunsystem und sie erkranken mit größerer Wahrscheinlichkeit an Krebs.

Wusstest du …

…, dass besonders Kinder unter der weltweiten Luftverschmutzung leiden? Es gibt eine Weltgesundheitsorganisation, die Studien durchgeführt hat, um herauszufinden, wie sehr sich die Atemluft in den vergangenen 100 Jahren verschlechtert hat und wie die Gesundheit der Menschen darunter leidet.

Eine Studie funktioniert so: Die Weltgesundheitsorganisation hat viele, viele Orte auf der ganzen Welt hinsichtlich der Luftverschmutzung untersucht. Orte, an denen viele Menschen leben und wo es Fabriken, Kraftwerke und so weiter gibt, haben schmutzigere Luft als solche, in denen viel Natur und nur kleine Ortschaften sind. Nun haben die Forscher aufgeschrieben, welche Krankheiten die Menschen an den einzelnen Orten haben, und wie viele krank sind. Nun vergleicht man die Ergebnisse. Wenn man feststellt, dass an allen Orten, an dem eine sehr hohe Luftverschmutzung gemessen wurde, viele Menschen an Lungenkrankheiten erkranken, aber in Gegenden, in denen die Luft sauber ist, sehr wenige, dann kann man den Schluss ziehen, dass die Luftverschmutzung schuld an den Krankheiten sein muss. So eine Studie funktioniert immer dann, wenn man sehr viele Daten sammelt, also viele Orte untersucht und viele Menschen befragt.

Die Weltgesundheitsorganisation hatte leider festgestellt, dass Kinder besonders betroffen sind. Demnach sind weltweit 600.000 Kinder an den Folgen der Luftverschmutzung und den daraus entstandenen

Atemwegserkrankungen gestorben. Außerdem konnte man feststellen, dass Kinder, die starker Luftverschmutzung ausgesetzt sind, viel größere Probleme beim Lernen haben, häufiger an Krebs erkranken und auch viel öfter unter Asthma leiden.
Was besonders schlimm ist: Die Kinder leiden noch vor ihrer Geburt unter der Verschmutzung. Denn das Baby im Bauch wird durch den Atem der Mutter mit Sauerstoff versorgt. Und den braucht es, um sich gesund zu entwickeln. Atmet die Mutter zu viele Schadstoffe ein, so werden die vielen kleinen Bausteine, aus denen sich ein Mensch zusammensetzt, geschädigt, und es kann dazu führen, dass das Baby nicht richtig wächst oder ein schwaches Immunsystem hat, also viel anfälliger für Krankheiten, Allergien und Asthma ist als andere Kinder. Wenn eine schwangere Frau besonders starker Luftverschmutzung ausgesetzt wird, kann es sogar schlimmstenfalls dazu führen, dass das Baby im Bauch stirbt, bevor es geboren wird.
Warum leiden Kinder unter der Luftverschmutzung mehr als andere? Das liegt daran, dass Kinder viel schneller atmen als erwachsene Menschen. Dadurch nehmen sie viel mehr Luft und damit leider auch Schadstoffe auf. Außerdem sind Kinder natürlich auch kleiner als Erwachsene. Sie sind näher am Boden und damit mehr in der Höhe der giftigen Abgase, die beispielsweise aus Autos kommen.

Übrigens leiden nicht nur Menschen unter der verschmutzten Luft. Dort, wo zu viele giftige Gase in der Luft sind, bildet sich in der Luft in

Verbindung mit dem Wasser, das in der Luft ist, eine Säure. In Form von Regen fällt diese auf die Erde. Vielleicht hast du einmal den Begriff „saurer Regen“ gehört. Damit ist genau dieses Phänomen gemeint. Wenn dieser saure und damit giftige Regen auf die Erde fällt, wird er über die Wurzeln von den Pflanzen und Bäumen aufgenommen. Pflanzen, die auf saurem Boden stehen, verdorren und sterben ab. So kann es zu einem großen Waldsterben kommen. Das Schlimme daran ist, dass das nicht nur Pflanzen betrifft, die in unmittelbarer Nähe der verschmutzten Städte stehen. Über die Wolken am Himmel kann der saure Regen auch viel weiter weg in der freie Natur herunterfallen und dort großen Schaden anrichten.

Wie können wir Luftverschmutzung vermeiden?

Es ist klar, dass wir alle etwas dafür tun müssen, um die Luftverschmutzung so niedrig wie möglich zu halten. Das geht über verschiedene Wege.

Für Bäume und Pflanzen sorgen

Richtig gelesen: Bäume und Pflanzen helfen uns, die Luft zu reinigen. Hast du einmal den Ausdruck „grüne Lungen" gehört? Genau das ist damit gemeint. Alle grünen Pflanzen habe eine ganz wunderbare Superhelden-Eigenschaft: Sie nehmen giftiges Kohlendioxid aus der Luft auf und verwandeln das für uns Menschen wieder in Sauerstoff. Sie machen also das Gegenteil von dem, was wir tun. Wir Menschen atmen Sauerstoff ein und atmen das Abfallprodukt aus.

Um Schadstoffe in der Luft zu verringern, sollten Menschen also für ganz viel Grün sorgen. Vor allen Dingen in Großstädten und in der Umgebung sollten wir alle daher ganz viele Bäume pflanzen und Parks anlegen. Je mehr Grün, umso besser für uns und die Erde.

Gleichzeitig ist es wichtig, überflüssigen Schadstoffausstoß zu vermeiden. Dazu gehört, dass der Verkehr auf den Straßen verringert wird. Gleichzeitig müssen sich Wissenschaftler und Forscher überlegen, ob Autos und Fabriken nicht viel umweltbewusster betrieben werden können. Ein Auto kann beispielsweise mit Strom statt mit Diesel fahren. Vielleicht gibt es auch technische Möglichkeiten, um die Abgasverschmutzung zu verringern. Das alles sind Themen, um die sich die Erwachsenen kümmern müssen.

Das kannst du tun:

Hier kommt deine erste Superhelden-Challenge, um etwas gegen die Luftverschmutzung zu tun.

Du fährst selbst natürlich kein Auto. Aber du lässt dich von deinen Eltern oder anderen Leuten fahren. Überleg mal, wo und wann du auf das Auto verzichten kannst.

- Kurze Wege kannst du auch einmal zu Fuß gehen oder mit dem Fahrrad fahren.
- Motiviere deine Eltern, vielleicht auch mal den Zug oder den Bus zu nehmen. Zwar stößt ein Bus auch Abgase aus. Aber es fahren auch viele Menschen mit. Dadurch ist die Luftverschmutzung viel niedriger, als wenn jeder dieser Menschen mit einem eigenen Auto fahren würde.
- Wenn ihr mit mehreren Personen/Leuten irgendwohin fahrt, überlegt, ob ihr nicht Fahrgemeinschaften bilden könnt. Es müssen doch gar nicht mehrere Autos zum Fußball oder zum Reiten fahren, wenn in jedem nur ein Elternteil und ein Kind sitzen. Sprecht euch ab. In einem vollbesetzten Auto ist es sowieso viel lustiger.
- Du kannst noch mehr tun, wenn du wirklich mutig bist:
- Starte eine Initiative in der Schule. Sprich mit deinem Klassenlehrer oder Sachunterrichtslehrer. Vielleicht könnt ihr gemeinsam

Bäume pflanzen oder andere Ideen zur Verbesserung der Luft umsetzen.

- Wissen ist Macht. Jeder Mensch sollte wissen, wie es um unsere Atemluft steht. Du weißt jetzt, worum es geht, doch viele Erwachsene wissen bis heute nicht Bescheid. Triff dich mit Freunden oder setze dich mit deinen Eltern zusammen und überlegt gemeinsam, wie ihr andere Menschen auf das Problem aufmerksam machen könnt. Ihr könnt beispielsweise Unterschriftsaktionen starten, einen Informationsstand auf einem Straßenfest eröffnen oder auch dem Bürgermeister eurer Stadt einen Brief schreiben, dass er unbedingt mehr Bäume pflanzen muss. Wenn ihr besonders mutig seid, könnt ihr auch versuchen, jemanden von eurer Tageszeitung zu motivieren, über eure Ideen einen Zeitungsartikel zu schreiben.

Was kannst du noch tun? Vielleicht fallen dir weitere Maßnahmen zur Luftverbesserung ein.

Energie – ohne geht es nicht

Vielleicht hast du Erwachsene schon einmal sagen hören: „Dafür habe ich keine Energie mehr." Oder: „Mir fehlt die Energie dazu!" Vielleicht hat dir auch schon jemand gesagt, du hättest besonders viel Energie, wenn du sehr lebendig bist. Hast du dich einmal gefragt, was Energie überhaupt ist?

Hast du deine Eltern schon einmal danach gefragt? Dann sind sie vielleicht ratlos gewesen, wie sie das erklären können. Denn das ist gar nicht so einfach. Aber da du ja schon ein halber Umweltexperte bist und zudem ein kleiner Weltenretter, wirst du die folgende Erklärung vielleicht verstehen.

Energie ist unsichtbar, aber sie muss da sein, denn sonst würde nichts um uns beweglich sein. Ohne Energie wäre die Welt nur wie ein Bild – völlig bewegungslos. Dass es die Energie gibt, bemerkst du immer dann, wenn sie etwas bewirkt. Und eigentlich bewirkt sie alles.

Alles, was sich bewegt, braucht Energie, um sich zu bewegen. Tote Gegenstände besitzen keine Energie.

Vielleicht lässt sich das an folgendem Beispiel ganz gut erklären: Ein gewöhnlicher Stuhl hat keine Energie, deshalb tut er nichts und bewegt sich auch nicht. Wenn sich dieser Stuhl bewegen soll, dann muss ihn jemand schieben. In diesem Fall ist dieser jemand die Energiequelle. Ein Stuhl könnte sich auch von allein bewegen, wenn er mit einem Motor ausgestattet wäre. Dann käme von diesem die Energie.

Energie ist also die Fähigkeit, etwas zu bewegen oder zu tun, aber auch Wärme und Licht zu erzeugen.

Energie lässt sich messen. Die Einheit, mit der wir ausdrücken, wie viel Energie etwas hat, nennt man Joule, so wie du eine Länge zum Beispiel in Metern angibst oder ein Gewicht in Kilogramm.

Wofür brauchen wir Energie?

Damit überhaupt irgendetwas auf dieser Welt geschieht, wird Energie benötigt. Auch du brauchst tagtäglich Energie. Damit dein Körper funktionieren kann und du nicht irgendwann geschwächt umfällst, braucht dein Körper zum Beispiel Nahrung.

Wenn dir kalt ist, drehst du die Heizung an. Hast du dir dabei schon einmal überlegt, warum die Heizung warm wird? In der Regel ist in einem ganz normalen Heizkörper Wasser. Es wird durch das Aufdrehen der Heizung erwärmt und gibt diese Wärme in den Raum ab. Doch um überhaupt erwärmt zu werden, braucht es Energie. Diese wird bei Heizungen über einen großen Heizkessel erzeugt, der meistens in den Kellern der Häuser steht.

Wenn du es schön hell haben möchtest, schaltest du natürlich das Licht an. Du schaltest auch den Fernseher an, wenn dich eine Sendung interessiert, du hörst Musik, lädst dein Tablet, benutzt gemeinsam mit deiner Mutter Küchengeräte und so weiter. Doch all diese Geräte funktionieren nur mit Strom. Doch wo kommt der Strom her? „Aus der Steckdose!“, wirst du jetzt vielleicht sagen. Natürlich stimmt das. Doch hast du dich schon einmal gefragt, wie er da hineinkommt? Oder vielmehr, wo der Strom ursprünglich herkommt, ehe er durch deine Steckdose fließt? Dazu erfährst du später mehr.

Erst einmal solltest du fest in deiner Erinnerung verankern, dass Energie die Kraft ist, die alles bewegt. Das gilt sowohl für Menschen als auch Tiere und Pflanzen. Du fragst dich vielleicht, weshalb sich Pflanzen bewegen sollten. Ein Baum bewegt sich doch nicht! Doch, das tut er. Denn er wächst. Er bildet Äste und Zweige. Er bekommt Blüten, trägt Früchte, wirft seine Blätter im Herbst ab. Jede Pflanze verändert sich. Und dazu braucht auch sie Energie. Wolken am Himmel brauchen Energie, wenn sie weiterwandern. Das tun sie nämlich durch den Wind. Autos fahren mit Benzin, manchmal auch mit Strom. Viele Geräte haben Batterien. Eine Uhr besitzt ebenfalls eine Batterie oder ganz altmodisch einen Aufziehmechanismus. Durch das Aufziehen wird ebenfalls Energie erzeugt.

Energie ist die Voraussetzung für Leben, Fortbewegung, Wachstum und auch Fortschritt.

Woher kommt unsere Energie?

Bevor wir der Energie, die aus der Steckdose kommt, unsere Aufmerksamkeit schenken, kannst du dich als Energiedetektiv versuchen.

Spurensuche: Finde die Energiequelle

Gehe in deinem Zimmer, in deinem Haus oder auch in der Umgebung auf Energiesuche. Wo geschieht irgendetwas? Wo bewegt sich etwas, erzeugt Bewegung, Licht oder Wärme? Findest du heraus, woher die Energie kommt?

Manche Energiequellen lassen sich schnell ausfindig machen:

- Die Uhr tickt, die Zeiger drehen sich, weil hinten eine kleine Batterie drin ist.
- Das Radio hängt am Stromkabel.
- Das Tablet hat einen Akku, der regelmäßig aufgeladen werden muss.
- Doch wo verstecken sich andere Energiequellen:
- Ein Rasenmäher ohne Stromkabel? Wie kann er dann trotzdem mähen?
- Warum fliegt das Flugzeug?
- Warum kann das Autoradio laufen, auch wenn das Auto ausgeschaltet ist und der Motor somit nicht läuft?
- Warum brennt in der Grillhütte im Wald das Licht, wenn doch gar kein Stromkabel hierhin verlegt wurde?
- Wieso wird der Grill auf der Terrasse heiß?
- Warum brennen Gartenleuchten entlang des Wegs ohne Strom und ohne Batterie?

Vielleicht findest du weitere mysteriöse Energieverbraucher, von denen dir nicht klar ist, woher die Energie kommt. Frage ruhig einen Erwachsenen nach der Energiequelle. Du wirst sehr viel Spannendes und Neues erfahren.

Zurück zu unseren Steckdosen. In den Wohnungen und Häusern sind sie gar nicht wegzudenken. Was wäre wohl, wenn es keinen

Stromanschluss gäbe? Du kannst dir sicher deinen Alltag Zuhause, in der Schule und in anderen Gebäuden ohne Steckdosen nicht vorstellen.

Woher also kommt der Strom aus der Steckdose?

Der Strom kommt natürlich zunächst einmal von den vielen Leitungen, die meist unterirdisch, manchmal auch über hohe Strommasten verlegt sind. Bei so genannten Stromerzeugern wird dieser Strom, der in alle Häuser verschickt wird, **„hergestellt".** Dazu braucht es aber wiederum eine viel stärkere Energie. Die Kraftwerke können also nur Energie an alle Häuser abgeben, wenn sie selbst eine sehr starke Energie besitzen.

Du kannst dir das ungefähr so vorstellen: Um jemanden, der friert, aufzuwärmen, kannst du ihn fest in die Arme nehmen und mit deinem eigenen Körper wärmen. Dein Körper ist dann die Energiequelle. Doch dazu musst du selbst natürlich warm sein, also auch Energie besitzen. Die hast du vielleicht erreicht, indem du dich ganz viel bewegt hast. So wurde Bewegungsenergie erzeugt. Und diese Energie, um dich zu bewegen, konntest du nur erhalten, indem du sie über Nahrung zu dir genommen hast. Erkennst du, dass Energie immer weitere Energie erzeugt? Wer also Energie erzeugen muss, braucht selbst Energie.

So also verhält es sich mit den Stromerzeugern. Damit du Strom aus deiner Steckdose erhältst, brauchen sie selbst sehr viel Energie. Die wird entweder aus der Verbrennung von Kohle oder Öl, durch Gas oder auch durch natürliche Wind-, Wasser- oder Sonnenkraft erzeugt.

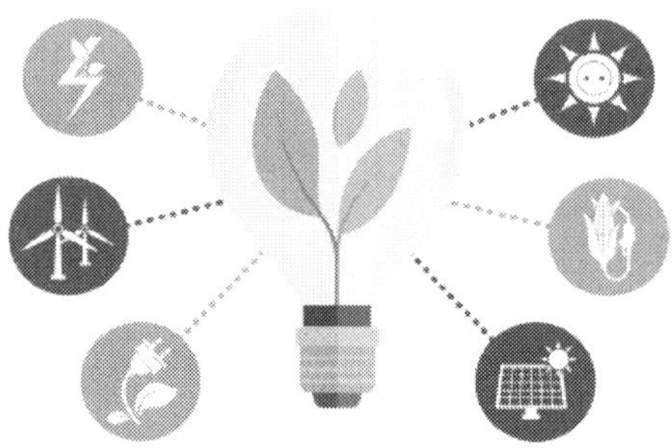

Auch deine Heizung kann nur dann warm werden, wenn dafür ein entsprechender Rohstoff wie Öl, Holz oder ein anderer Brennstoff verbrannt wird.

Am Beispiel Stromerzeugung ist dir vielleicht etwas aufgefallen. Es gibt einen Unterschied zwischen Strom, der etwa durch Kohle erzeugt wird, und Strom, der aus Windkraft stammt. Kommst du drauf?

Strom kann durch Kohle nur erzeugt werden, wenn diese in sehr hohen Mengen verbrannt wird. Das bedeutet aber, dass ein Rohstoff aufgebraucht werden muss. Wind ist jedoch wie Wasser und Sonne immer da. Hier wird also nichts aufgebraucht. Deshalb ist es wichtig zu wissen, dass es unterschiedliche Arten von Energie gibt.

Welche unterschiedlichen Energien gibt es?

Energie ist auf der Erde grundsätzlich von Natur aus vorhanden. Andere wird vom Menschen erzeugt.

Wir unterscheiden die verschiedenen Stufen:

- Energie, die direkt in der Natur vorkommt. Dazu gehören Sonnenstrahlen, die Wärmeenergie erzeugen, Wasserkraft, Erdwärme, Wind, natürliches Erdgas und so weiter
- Energie, die erzeugt wird, indem Menschen vorhandene natürliche Energiespender in andere Energiequellen umwandeln. So wird aus Wasserkraft Heizöl hergestellt, aus Sonnenlicht Strom, aus Erdöl Benzin für das Auto usw.
- Als Endenergie bezeichnen wir die Energie, die Menschen wie du zum Schluss nutzen. Dazu gehört der Strom aus deiner Steckdose.
- Zum guten Schluss entsteht noch einmal die Energie, die du beispielsweise durch ein Gerät nutzt.

Konkret heißt das nichts anderes, als dass alle unterschiedlichen Energieformen stufenweise genutzt werden. Aus Erdöl wird beispielsweise Benzin hergestellt. Das Benzin ist die Energiequelle für das Auto deiner Eltern. Und durch das Auto kannst letztlich auch du dich bewegen.

Ein anderes Beispiel: Aus der Sonnenkraft kann Strom erzeugt werden. Diesen Strom bekommst du aus der Steckdose. Er wird zur Energiequelle für eine Schreibtischlampe. Die schaltest du ein und benutzt sie schließlich als Energiequelle für Licht.

Wusstest du … , dass nicht alle Geräte gleich viel Strom verbrauchen? Manche Geräte sind regelrechte Energiefresser, weil sie viel mehr Energie brauchen als andere. Bitte doch einen Erwachsenen mal, ein Strommessgerät zu besorgen. So etwas kann man kaufen oder sich über die Stadtwerke leihen. Schließt das gemeinsam an verschiedenen Stromgeräten an. Dafür brauchst du die Hilfe eines Erwachsenen. Nun könnt ihr sehen, welche Geräte viel und welche wenig Strom verbrauchen. Man nennt dies auch „Energieeffizienz“. Energieeffizient ist ein Gerät, wenn es selbst recht viel Energie erzeugt, dafür aber im Verhältnis wenig verbraucht.
Außerdem kannst du einen Erwachsenen mal bitten, sich mit dir gemeinsam den Stromzähler anzuschauen. Das ist ein Gerät, das permanent den Stromverbrauch einer Wohnung oder eines Hauses misst. Das ist wichtig, weil am Ende des Jahres deine Eltern den Strom, den ihr verbraucht habt, bezahlen müssen. Das geht aber nur, wenn man genau weiß, wie viel überhaupt verbraucht wurde.
Wenn du dir den Stromzähler anschaust, wirst du vielleicht sogar erstaunt sein. Sieh genau hin: Verbraucht ihr viel? Steht die Uhr mal still oder verbraucht ihr ständig Strom? Überlegt mal: Woran kann das liegen, wenn sich die Uhr ständig weiterdreht, aber deiner Meinung nach alles still und dunkel in der Wohnung ist? Macht mal Versuche: Wie verändert sich der Verbrauch, wenn beispielsweise alle Lichter eingeschaltet werden?

Durch die Versuche wirst du feststellen, dass ihr alle permanent Energie verbraucht. Wir haben gelernt, dass Energie grundsätzlich etwas Gutes ist, dass es sogar eine Voraussetzung für Leben darstellt. Warum ist Energie dann aber ein Thema für den Umweltschutz? Was ist daran so gefährlich, dass es dafür auch einen Erdenretter wie dich braucht?

Schauen wir es uns an!

Was sind die Gefahren?

Auf unserer Erde leben sechs Milliarden Menschen. Die meisten verwenden tagtäglich sehr viel Energie, die durch Kohle, Öl und Erdgas gewonnen wird. Wenn wir „Energie gewinnen“ , heißt das in diesem Fall, diese Rohstoffe werden verbrannt. Nur so kann in so hohem Maße Energie erzeugt werden, wie wir es benötigen. Und es wird nicht weniger, im Gegenteil: Wir benötigen immer mehr Energie. Und dabei verbrennen wir Rohstoffe, für deren Herstellung die Erde teilweise Millionen von Jahren benötigt hat. Wenn wir also Rohstoffe verbrennen, so müssen wir davon ausgehen, dass sie langsam, aber sicher aufgebraucht werden.

An folgendem Beispiel kannst du dir das gut vorstellen:

Nehmen wir einmal an, du wohnst in einem kleinen Haus und kannst dieses nur durch ein Feuer im Kamin erwärmen. Um das Feuer brennen zu lassen, musst du Holz verbrennen. Nun stell dir weiter vor, du kannst dieses Holz nirgendwo kaufen oder beschaffen, sondern musst es aus Bäumen nehmen, die in deinem eigenen Garten wachsen. Am Anfang stehen noch sehr viele Bäume da, und du machst dir keine Sorgen. Jahr um Jahr fällst du ein bis zwei Bäume und hast genug Holz, um dein Haus zu heizen. Doch mit jedem Jahr verlierst du einen Baum. Du kannst zwar gleichzeitig immer einen neuen pflanzen, doch ein Baum braucht viele, viele Jahrzehnte, um zu wachsen. Du verbrennst also viel mehr Bäume als nachwachsen können. Was, meinst du, wird passieren? Natürlich, du musst Angst haben, dass du irgendwann dastehst und keine Bäume mehr hast, um dein Haus zu heizen. Und während deine neu gepflanzten Bäume noch viele Jahrzehnte wachsen müssten, erfrierst du.

Genauso ist es mit den Rohstoffen, die wir für die Energiegewinnung nutzen. Unsere Erde kann nicht so viel wachsen lassen, wie die sechs Millionen Menschen verbrauchen. Also müssen wir alle Sorge haben, dass diese so wichtigen Rohstoffe knapp werden.

Das ist das eine Problem. Es gibt jedoch ein zweites.

Wenn diese Rohstoffe verbrannt werden, entsteht Kohlendioxid, welches oft auch als CO_2 abgekürzt wird. Kommt dir das Wort bekannt vor? Richtig, wir haben es bereits beim Thema Luftverschmutzung erwähnt. Durch die Verbrennung der Rohstoffe strömt also dieses giftige CO_2 aus den Schornsteinen der Kraftwerke, aus den Kaminen der Häuser, aus den Autos usw. Das bedeutet nichts anderes, als dass hoher Energieverbrauch auch zur Luftverschmutzung beiträgt. Das ist also ein doppeltes Umweltproblem.

Das CO_2 verschwindet nicht einfach. Die „grünen Lungen“, die Bäume und Pflanzen, können so viel Kohlendioxid nicht mehr in Sauerstoff umwandeln, wie es eigentlich ihre Aufgabe wäre. Denn wer hätte auch damit gerechnet, dass die Menschen einmal soviel Kohlendioxid erzeugen?

Was geschieht mit dem überflüssigen CO_2? Es steigt in die Luft. Dort erwärmt es sie und sorgt damit dafür, dass die Temperatur auf der Erde ansteigt. Es kommt zum so genannten Treibhauseffekt, der unser ganzes Wetter auf den Kopf stellt. Gletscher schmelzen, der Meeresspiegel steigt, es kommt zu Überschwemmungen und Naturkatastrophen, Tiere verlieren ihren Lebensraum, durch veränderte Klimaverhältnisse kommt es zu kälteren Sommern und wärmeren Wintern. Das hat Folgen für die Tiere und Pflanzen in der Natur. Und letzten Endes schaden wir uns damit selbst. Und alles nur, weil wir nicht genug Energie bekommen konnten.

Das ist jetzt natürlich kniffelig. Denn was können wir da schon tun? Wer kann sich heute vorstellen, ohne Strom zu leben? Ganz ohne Energieverbrauch geht es natürlich nicht. Doch was wir tun können, was alle tun MÜSSEN, ist, bewusster und vernünftiger mit Energieressourcen umzugehen.

Konkret lautet deine Challenge daher, weniger Energie zu verbrauchen. So wenig wie möglich. Denn wer weniger Energie verbraucht, sorgt selbst dafür, dass weniger Kohlendioxid in unsere Erdatmosphäre gelangt. Wenn du als Erdenretter dabei hilfst, Energie zu sparen, wird der Klimawandel verlangsamt. Ist das nicht toll?

Gleichzeitig hilfst du, wichtige Rohstoffe wie Gas, Öl und Kohle zu schonen. Dann haben wir alle noch viel länger etwas davon.

Und noch einen sehr schönen Nebeneffekt gibt es: Je weniger Energie ihr zuhause verbraucht, umso weniger müssen deine Eltern auch am Ende des Jahres bezahlen. Vielleicht ist dann ja zur Belohnung ein besonderer Ausflug drin?

Energie sparen – so geht's

Du selbst verbrauchst jeden Tag ganz viel Energie. Aufgepasst, Superheld! Hier kommen die ultimativen Tipps, wie du dazu beitragen kannst, Energie zu sparen:

1. Licht aus!

Mal ehrlich: Wie oft haben deine Eltern dich daran erinnert, das Licht auszuschalten, wenn du aus einem Raum gehst? Du hast es wahrscheinlich immer wieder mal vergessen. Denke aber mal darüber nach, dass unnötig Energie verbraucht wird, wenn Licht in einem Zimmer brennt, in dem gar keiner ist. Also lautet die erste Aufgabe, kein unnötiges Licht brennen zu lassen. Sieh dich in jedem Raum aufmerksam um: Brauchst du wirklich alles, was eingeschaltet ist? Denke dran, das Licht auszumachen, wenn du einen Raum verlässt. Das gilt natürlich auch für Fernseher, CD-Player und so weiter. Wenn es dir schwerfällt, daran zu denken, dann male ein schönes Erinnerungsschild, das du an die jeweiligen Zimmertüren hängst. Du wirst sehen, mit der Zeit denkst du von ganz allein dran, das Licht auszumachen.

2. Aufgepasst am Kühlschrank!

Der Kühlschrank und der Eisschrank brauchen sehr viel Energie, um die niedrige Temperatur zu erzeugen, die ihr braucht, um eure Lebensmittel frisch zu halten. Wenn du den Kühlschrank öffnest, strömt warme Zimmerluft hinein. Der Kühlschrank muss sofort viel mehr Energie erzeugen, um trotzdem alles schön kalt zu halten. Deshalb solltest du vermeiden, die Kühlschranktür zu lange offen zu lassen. Mach die Tür also nicht auf, um dann längere Zeit vor dem geöffneten Kühlschrank zu stehen, weil du nicht weißt, was du essen magst. Überlege dir das doch einfach vorher und achte darauf, die Tür nur so lange wie nötig aufzuhalten.

Aufgepasst auch beim Schließen der Tür. Es kann vorkommen, dass du sie nicht richtig zumachst. Dann strömt weiter permanent die wärmere Luft hinein, der Energieverbrauch ist also anhaltend hoch. Also, immer darauf achten, die Tür fest zu schließen.

3. Geräte ausschalten

Fernseher, Computer und andere Geräte besitzen oftmals eine so genannte Standby-Funktion. Das ist sehr praktisch. Wenn du vergisst, den Fernseher auszumachen, schaltet er sich irgendwann von allein ab. Er geht dabei nicht ganz aus, sondern verbleibt sozusagen in Wartestellung. Diesen Zustand kannst du selbst erzeugen, wenn du die Standby-Taste auf der Fernbedienung drückst. Schnell geht der Bildschirm aus. Wenn du dann wieder ferngucken oder den Computer benutzen willst, brauchst du wieder nur die Taste zu drücken und alles ist sofort wieder an. Das spart Zeit, denn sonst müsstest du warten, bis das ganze Gerät neu gestartet hat.

Das klingt erst einmal wie eine supergute Erfindung. Doch manchmal sind supergute Erfindungen auf den zweiten Blick doch nicht so gut wie gedacht. Die Menschen erkennen leider allzu oft viel zu spät, dass es Nachteile gibt. In diesem Fall musst du daran denken, dass das Gerät, das sich in dieser Wartehaltung befindet, ja nie ganz aus ist. Auch wenn es so aussieht, als wäre das Gerät ausgeschaltet, verbraucht es weiter Strom – obwohl es gar nicht benutzt wird. Wie unnötig, oder?

Da gibt es nur eine Lösung: Schalte alle Geräte, die du nicht nutzt, richtig aus. Am besten nimmst du den Stecker komplett aus der Steckdose, dann wird aber auch wirklich gar nichts verbraucht. Kriegst du das hin?

4. Heizenergie sparen

Zugegeben: Jeder mag es kuschelig warm. Du sicher auch. Aber dazu muss nicht nur die Heizung hochgedreht werden. Manchmal reicht es auch, ein Jäckchen oder dickeren Pulli anzuziehen. Es gibt nämlich Menschen, die drehen zuhause die Heizung ganz auf, um dann gemütlich nur im Unterhemd auf dem Sofa sitzen zu können. Auch das ist unnötige Energieverschwendung.

Nachts kannst du die Heizung ebenfalls herunterdrehen bzw. ganz ausmachen. Denn zum einen ist es unter deiner Bettdecke doch sowieso kuschelig warm. Zum anderen ist eine etwas kühlere Raumtemperatur während des Schlafs sowieso viel gesünder.

Ein Raum, in dem über längere Zeit niemand ist, muss natürlich nicht großartig aufgeheizt sein. Doch Vorsicht: Anders als bei den Elektrogeräten und dem Licht ist es keine gute Idee, die Heizung ganz auszudrehen, wenn du den Raum verlässt. Du denkst jetzt vielleicht: Warum soll ich das nicht machen? Wieso sollte ich einen Raum beheizen, in dem ich zum Beispiel zwei Stunden lang nicht bin?

Im Winter zumindest solltest du genau das tun. Denn wenn du die Heizung komplett ausdrehst, kühlt der Raum in der kalten Jahreszeit sehr schnell ab. Es wird also richtig kalt darin. Wenn du dann wiederkommst, drehst du natürlich die Heizung wieder an, denn du frierst ja sonst. Die Heizung muss nun aber einen sehr kalten Raum wieder komplett neu aufheizen. Dafür verbraucht sie sehr viel Energie – viel mehr Energie, als wenn sie in den zwei Stunden, in denen du nicht da warst, auf niedriger Stufe weitergelaufen wäre. Lass also im Winter lieber die Heizung auf kleiner Stufe angeschaltet. Wenn du dir unsicher bist, frage einfach deine Eltern. Die wissen sicher, wie du die Heizung optimal einstellen kannst oder übernehmen das für dich.

Noch ein Tipp zum Thema Heizung: Lass das Fenster nicht für längere Zeit gekippt oder leicht geöffnet, wenn die Heizung läuft. Es ist dann nämlich ähnlich wie bei der geöffneten Kühlschranktür. Nur umgekehrt: Kalte Luft strömt permanent in den Raum und die Heizung muss sehr viel Energie aufbringen, um die Raumtemperatur trotzdem zu halten. Frische Luft ist wichtig. Dafür solltest du aber nur lieber mal „stoßlüften", das heißt, das Fenster einmal für einen kurzen Zeitraum aufreißen und ganz viel frische Luft auf einmal hineinlassen. Dann hast du erst einmal genug frische Luft für eine längere Zeit und deine Heizung muss sich nicht allzu sehr anstrengen.

5.Clever Papier sparen

Papier ist ein wichtiger Rohstoff, mit dem wir viel zu leichtfertig umgehen. Für jede Seite Papier müssen Bäume abgeholzt werden. Irgendwann gibt es nicht mehr genügend Bäume. Indem du bewusst mit Papier umgehst, sparst du einerseits wertvolle Energie, gleichzeitig schützt du den Wald, der ja auch eine wichtige Rolle für unser Klima spielt, weil er, wie du bereits erfahren hast, Kohlendioxid aus der Luft aufnimmt und in Sauerstoff verwandelt.

Das kannst du machen, um Papier zu sparen:

- Besorge dir nur Papier und Schulhefte aus Umweltschutzpapier
- Überlege dir, ob du Papier, das du verwendest, wirklich sinnvoll gebrauchst. Sinnlose Schmierereien beispielsweise kosten unnötig Papier.
- Verwende Schmier- und Krickelpapier beidseitig.
- Nicht alles muss ausgedruckt werden. Wo kannst du auch auf einen Ausdruck verzichten?

6. Keine unnötigen Autofahrten!

Du hast ja schon gemerkt: Luftverschmutzung und Energieverschwendung hängen zusammen. Unnötiges Autofahren trägt also nicht nur zur Luftverschmutzung, sondern auch zum erhöhten Energieverbrauch bei.

Bitte deine Eltern in dem Zusammenhang auch, beim Einkauf von Lebensmitteln und anderen Dingen darauf zu achten, dass diese möglichst aus der Nähe kommen. Mit Nähe ist hier Deutschland, aber auch die umliegenden Länder gemeint. Wenn jemand allerdings Waren kauft, die aus viel entfernteren Ländern, z.B.aus Afrika oder Asien kommen, so müssen diese Produkte sehr lange Transportwege hinter sich bringen. Sie werden mit dem Flugzeug oder mit dem Schiff von weit hergebracht. Überleg einmal, wie viel Energie das kostet! Ein Apfel, der aus Südafrika geleifert wird, ist im Supermarkt manchmal etwas billiger als einer, der aus der Nähe kommt. Dafür musste aber sehr viel Energie verbraucht und viel Kohlendioxid erzeugt werden. Ist das die paar Cent wert?

Wie verrückt wir Menschen manchmal mit Lebensmitteln umgehen und was das mit Umweltschutz zu tun hat, erfährst du übrigens etwas später nochmal genauer.

Alles Müll!

Überleg einmal: Wie oft an einem Tag läufst du zum Mülleimer und wirfst etwas weg? Vielleicht steht in deinem immer ein kleiner Abfalleimer, in dem du alles, was du nicht mehr brauchst, hineinwirfst. Ihr habt womöglich einen Eimer im Badezimmer stehen und in der Küche mit Sicherheit sogar mehrere. Wir Menschen verursachen ziemlich viel Müll. Doch was passiert mit dem eigentlich? Was ist mit all dem Schokoladenpapier, den leeren Joghurtbechern, Milchpackungen, Saftflaschen, Klopapierrollen und so weiter? Deine Eltern oder vielleicht auch du tragt den Müll in die dafür vorgesehenen Mülltonnen. Und diese werden regelmäßig von der Müllabfuhr geleert. Damit ist für die meisten Menschen das Thema erledigt. Der Müll ist entsorgt und damit hören die meisten leider auf, sich Gedanken zu machen.

Doch mit der Abholung durch die Müllabfuhr fängt das Problem mit dem Müll eigentlich erst an. Wusstest du, dass die Erde fast in einem riesigen Müllberg erstickt, dass die Meere und Flüsse dadurch belastet werden und dass zahlreiche Tiere weltweit an dem Müll sterben? Wusstest du, dass Müll zum Klimawandel beiträgt? Das kann man sich nur schwer vorstellen und deshalb gehen viel zu viele Menschen auf der ganzen Welt sehr sorglos mit ihrem Müll um. Als Erdenretter und Umweltschützer ist es jedoch wichtig, sich Gedanken über den Müll zu machen.

Doch was ist eigentlich Müll? Du wirst jetzt sicher sagen: Na, alles, was wir wegwerfen. Das ist zwar richtig, aber streng genommen gibt es „den Müll" überhaupt nicht. Müll ist nämlich nicht gleich Müll. Es gibt da riesige Unterschiede.

Müll ist nicht gleich Müll

Bei euch zuhause gibt es sicher mehr als nur einen Mülleimer. Früher war das jedoch anders. Noch vor 20 Jahren stand in jedem Haushalt eine große Mülltonne. Und diese wurde in die noch größere Mülltonne vor dem Haus ausgeleert. Diese wiederum wurde einmal in der Woche von der Müllabfuhr geleert, die den ganzen Müll dann zur Mülldeponie fuhr. Dort wurde ein riesiger Berg Müll auf dem schon vorhandenen Müllberg abgeladen und die Sache hatte sich erledigt. Wenn der Müllberg auf der Mülldeponie irgendwann zu groß wurde, hat man manchmal einfach etwas Erde drauf geschüttet und ließ im wahrsten Sinne des Wortes Gras drüber wachsen. Das ist eine bekannte Redewendung. Wenn man sagt, man lässt „Gras über etwas wachsen", meint man damit, dass man nicht mehr darüber redet und es einfach nach und nach in Vergessenheit gerät. Und genau so sind in all den Jahrzehnten die vielen Müllberge vergessen worden. Scherzhaft nannten viele Leute diese bewachsenen Müllberge „Monte Scherbelino“, was so viel bedeutet wie „Scherbenberg“. Das ist ein netter Name für eine eigentlich sehr unschöne Sache, wenn man es recht bedenkt.

Doch unsere Erde ist ja nicht unendlich groß und irgendwann haben all die Mülldeponien keinen Platz mehr. Außerdem haben die Menschen zwei weitere Probleme festgestellt: Zum einen besteht vieles, was im Müll landet, aus wertvollen Naturrohstoffen. Und diese könnten und müssen weiterverwendet werden. Schließlich sind Rohstoffe auf dieser Erde begrenzt. Und wenn du etwas Seltenes besitzt, dann achtest du doch auch darauf, dass du es länger und öfters nutzt. Die Menschen haben also erst einmal ein Bewusstsein dafür entwickelt, dass die Rohstoffe ein Geschenk dieser Erde sind, und dass sie nicht beliebig und vor allen Dingen keinesfalls schnell nachwachsen. Zum zweiten haben die Menschen irgendwann festgestellt, dass die Müllberge nicht nur verrotten, sondern dass dabei auch Chemikalien und Gifte freigegeben werden, die auf diese Art ungehindert in den Boden und gleichzeitig in das Grundwasser sickern. Mit unseren Müllbergen haben wir uns also nach und nach selbst vergiftet. Und das will natürlich niemand.

Also mussten sich die Menschen irgendwann neue Methoden ausdenken, um ihren Müll sinnvoll zu entsorgen. Die wichtigste

Erkenntnis war, dass Müll eben nicht gleich Müll ist. Denk einmal daran, was bei euch zuhause alles im Müll landet. Das sind vielleicht Zeitungen, aber auch Marmeladengläser, Plastikbecher, Milchpackungen, Essensreste, Taschentücher, kaputtes Spielzeug und vieles, vieles mehr. Das sind ganz viele unterschiedliche Materialien. Manche Sachen bestehen aus natürlichen Stoffen wie Holz oder Papier, andere aus künstlich hergestellten.

Nun stell dir einmal vor, wie wir Menschen alle vor den Müllbergen stehen und uns fragen: Was sollen wir nur damit anfangen. Immerzu sammeln können wir das alles nicht. Aber gebrauchen kann man das alles doch auch nicht mehr. Es ist doch schließlich Müll!

Doch halt – ist es das? Hast du vielleicht auch schon mal in dem, was deine Eltern wegwerfen wollten, gewühlt und dir gedacht: Das kann man doch noch für etwas benutzen! Vielleicht wollte deine Mutter wie immer leere Toilettenpapierrollen wegwerfen und du hast sie aber dafür genommen, um etwas daraus zu basteln. Vielleicht wolltest du alte Kleidung weggeben und deine Mutter hat die Kleidung verwendet, um etwas Neues daraus zu nähen. Oder vielleicht habt ihr alte Marmeladengläser aufgehoben, sie gewaschen und neu gekochte Marmelade hineingefüllt. So wie ihr haben auch viele andere Menschen erkannt, dass man doch gar nicht alles wegwerfen muss, sondern dass man vieles von dem, was wir wegwerfen, wiederverwenden kann. Dafür gibt es auch ein Wort: Recycling.

Was ist Recycling?

Recycling ist ein englisches Wort. „Cycle“ heißt übersetzt „Kreis“. Die Vorsilbe „Re-“ wird benutzt für „wieder“. Somit kann man das Wort „Recycling“ übersetzen mit „Wieder in den Kreislauf zurückbringen“. Für den Müll heißt das nichts anderes, als dass die darin enthaltenen Stoffe nicht einfach weggeworfen, sondern wiederverwendet werden. Etwas Altes einfach wiederzuverwenden, ist natürlich eine sehr schlaue Idee. Zum einen vermeidest du damit Müll. Zum anderen sparst du Geld, denn wenn du etwas Altes nochmal benutzt, musst du es nicht neu kaufen.

Vielleicht wirfst du einmal einen Blick in euren Mülleimer. Kann man das alles so einfach nochmal benutzen? Natürlich nicht! Deshalb sagen wir auch, dass Müll nicht gleich Müll ist. Manche Sachen kann man problemlos wiederverwenden. Andere müssen verändert und aufbereitet werden. Wieder andere sind leider gar nicht zu gebrauchen und müssen wohl oder übel doch auf den Müll. Damit jeder Müll auf die bestmögliche und umweltfreundlichste Art und Weise entsorgt werden kann, sind die Menschen, die dafür verantwortlich sind, auf deine Mithilfe angewiesen. Niemand kann euren Hausmüll durchsuchen und einzeln heraussortieren, was wiederverwertbar ist. Aus diesem Grund müssen du und deine Familie den Müll vorsortieren. Wir sagen dazu: Müll trennen.

Wie trennst du Müll richtig? Und was passiert mit den einzelnen Müllvarianten?

Ihr habt zuhause sicher verschiedene Mülleimer. Vielleicht ist dir das Müllsortieren bislang lästig erschienen. Ganz ehrlich: Hast du einfach mal etwas in irgendeinen Mülleimer geworfen, weil du einfach keine Lust hattest, zum Mülleimer zu laufen? Hast du dir dabei gedacht: Egal, das merkt doch sowieso keiner? Erst einmal stimmt das natürlich. Wenn du etwas in den falschen Eimer wirfst, merkt das erst einmal niemand. Die Müllabfuhr leert den Eimer in den LKW, ohne natürlich den Müll zu durchwühlen. Aber zum Schluss muss der Müll ja weiterverarbeitet werden. Und dann kann es sein, dass der von dir falsch einsortierte Müll die richtige Müllverwertung erschwert.

Doch wie trennt man denn nun richtig den Müll? Und was wird dann überhaupt damit gemacht?

Grob wird der Müll nach Material getrennt, aus dem er gemacht wurde.

Glas

In den Glas-Müll kommt natürlich alles, was aus Glas ist. Das können Glasflaschen sein, Marmeladengläser, kleine Fläschchen und andere Glasscherben. Wichtig ist, andere damit verbundene Materialien zu entfernen. Der Deckel einer Flasche beispielsweise oder der Drehverschluss deines Marmeladenglases haben nichts im Glascontainer verloren. Glas ist ein sehr reiner Stoff. Es ist mit nichts anderem verbunden. Deshalb kann man Glas ganz einfach wiederverwenden. Dazu gibt es zwei Möglichkeiten. Du kannst Glas zum Glascontainer bringen. Dort wird das Glas nach Farben sortiert. Es gibt weißes Glas, also das, was du wahrscheinlich eher als durchsichtig bezeichnest. Außerdem gibt es braunes und grünes Glas. Meistens handelt es sich dabei um Flaschen.

Wieso wird das Glas denn nach Farben sortiert? Ist Glas nicht gleich Glas?

Ja und nein. Natürlich ist das Material dasselbe, ganz gleich, welche Farbe es hat. Um zu verstehen, weshalb wir Glas nach Farben sortieren, musst du herausfinden, was mit dem Glas passiert, dass du in den Glascontainer wirfst. Hast du eine Idee?

Vielleicht hast du irgendwo schon einmal gesehen, wie Glas geformt wird. Zu Beginn wird es sehr stark erhitzt. Bei sehr hoher Temperatur wird Glas flüssig. Nicht ganz so flüssig wie Wasser, sondern eher wie ein Gelee. Man kann es dann in die schönsten Formen bringen. Wenn es dann erkaltet, behält es diese Form. Aus diesem Grund lassen sich aus Glas so viele verschiedene kunstvolle Trinkgläser und Flaschen, ja, sogar Figuren, Schalen, Schmuck oder andere Gegenstände formen. Das Gute daran ist, dass es diese Form nicht für immer haben muss. Jeden Gegenstand aus Glas kann man ganz einfach erneut erhitzen und wieder in eine andere Form bringen. Und genau das passiert mit dem Glas, das im Glascontainer landet. Es wird gereinigt, eingeschmolzen, von allen anderen Materialien, die vielleicht noch daran festhängen könnten, gesäubert und in etwas Neues eingeschmolzen.

Du hast bestimmt schon einmal mit Knete gebastelt und daraus tolle Sachen geformt. Knete ist im Grund wie Glas. Man kann eine bereits geformte Figur ganz einfach nehmen und wieder zu einem Klumpen zusammenkneten. Dann kannst du wieder etwas völlig anderes daraus formen. Aber du hast sicher auch schon bemerkt, dass es klug ist, gelbe Knete nur mit gelber Knete zu verkneten, rote nur mit roter usw. Denn was passiert, wenn du viele verschiedene Farben miteinander vermischst? Wird die Knete dann bunt? Bekommt sie eine tolle neue Farbe? Wahrscheinlich hast du irgendwann einmal bemerkt, dass bei der Vermischung vieler Farben nur noch ein hässliches Braun entstanden ist, aus dem man dann nichts mehr formen mag. Genau das passiert eben auch mit dem Glas. Deshalb ist es wichtig, die drei verschiedenen Glasfarben zu trennen. Grün kommt zu Grün, Braun zu Braun und Weiß zu Weiß. Dann können daraus immer wieder neue weiße, braune und grüne Glasflaschen gemacht werden.

Es gibt aber noch eine zweite Möglichkeit, Glas zu recyclen. Und die ist sogar noch umweltfreundlicher. Getränkeflaschen werden in der Regel als Pfandflaschen verkauft. Was Pfand ist, weißt du sicher schon. Deine Eltern bezahlen, wenn sie Getränke kaufen, nicht nur das Getränk selbst, sondern etwas Geld für die Flasche. Die bekommen sie jedoch nur als Art Leihgabe. Wenn sie die leere Flasche zurückbringen, bekommen sie ihr Geld zurück. Pfand wurde tatsächlich irgendwann eingeführt, um den Menschen einen Anreiz zu geben, die Flaschen ordentlich zurückzubringen. Früher war es nämlich so, dass die Menschen die Flaschen einfach nur weggeworfen haben. Dadurch wuchsen die Müllberge. Und das eigentlich wertvolle Glas wurde nicht genutzt. Man musste immer neues Glas herstellen und bereits vorhandenes Glas lag irgendwo auf der Mülldeponie. Also dachte man sich: Wenn man Geld für die Flasche verlangt, den Leuten aber sagt, dass sie das Geld zurückbekommen, wenn sie die Flasche zurückbringen, dann tun sie das sicher auch. Im Großen und Ganzen hat das auch funktioniert. Natürlich gibt es immer wieder Leute, denen die paar Cent nicht so wichtig sind. Auch viele Kinder, die nicht so schlau sind wie du, machen sich keine Gedanken um das Pfandgeld und werfen die Flasche lieber weg. Dabei geht es ja gar nicht um das Pfandgeld, sondern darin, unsere Umwelt zu schonen und Rohstoffe zu sparen.

Warum sind Pfandflaschen aber die umweltschonendere Variante der Glas-Wiederverwertung?

Pfandflaschen werden zum Getränkehersteller zurückgebracht. Sie werden ausgespült, sorgfältig gereinigt und einfach neu gefüllt. Da sie nicht eingeschmolzen werden müssen, wird sehr viel Energie gespart. Und warum gerade das im Sinne der Umwelt ist, hast du ja bereits erfahren.

Papier

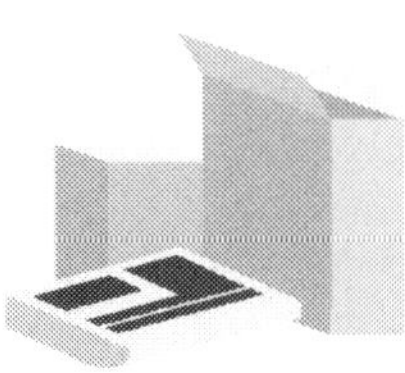

Papier wird aus Holzfasern und anderen Zusätzen hergestellt. Wir brauchen es tagtäglich. Du hast Schulhefte und Arbeitsblätter, zuhause sind sicher Notizblöcke, Briefe und Briefpapier, Toiletten- und Küchenpapier, Papiertaschentücher und vieles mehr. Vielleicht habt ihr Fotos und Poster an den Wänden, Butterbrottüten aus Papier, ja vielleicht sogar Lampenschirme, Windlichter, Papiertischdecken, Kartons, Tapeten an den Wänden und vieles, vieles mehr.

Geh doch mal auf Spurensuche in eurem Haus oder in eurer Wohnung: Was ist dort alles aus Papier oder Pappe? Alles gefunden? Dann frag doch nochmal deine Eltern. Vielleicht zeigen sie dir noch den ein oder anderen Gegenstand, an den du gar nicht gedacht hast.

Papier kann sehr gut wiederverwertet werden. Dazu wird es nämlich zu einem dicken Papierbrei eingekocht. Alle Verunreinigungen werden dann herausgesiebt, und schon hat man einen sauberen Papierbrei, den man wieder zu neuen Papierprodukten verarbeiten kann. Daraus werden also wieder Schulhefte, aber auch Toilettenpapier und andere Produkte.

Biomüll

Eigentlich ist Biomüll gar kein richtiger Müll, denn er muss gar nicht aufwändig entsorgt werden. In den Biomüll gehört alles, das aus Naturprodukten besteht: Essensreste, Abfallprodukte aus Nahrung wie beispielsweise Eierschalen, Kaffeesatz, Schalen von Obst und Gemüse, aber auch Pflanzen und Holz aller Art. Alles, was im Biomüll landet, ist also rein natürlich. Und aus diesem Grund verrottet dieser Müll auch sehr gut ganz von allein. Und nicht nur das: Die im Biomüll enthaltenen Nährstoffe bleiben enthalten. Deshalb wird Biomüll zu Kompost, der zum Düngen von Pflanzen eingesetzt wird. Wichtig ist aber, keine anderen Dinge in den Biomüll zu werfen. Denn nichts anderes verrottet so gut wie Biomüll. Wenn andere Stoffe im Kompost landen, so bleiben sie dort viele, viele Jahre enthalten, ohne dass sie einen Nutzen bringen würden. Im Gegenteil: Sie schaden der Umwelt nur. Deshalb solltest du unbedingt aufpassen, dass im Biomüll auch wirklich nur Biomüll landet.

Verpackungsmüll

Verpackungsmüll macht in den meisten Haushalten den größten Anteil aus. Ist das bei euch auch so? Der Verpackungsmüll ist, wie der Name schon verrät, alles, was an Verpackung übrig bleibt. Ihr kauft sehr, sehr viele Lebensmittel, die in Plastik verpackt sind. Dazu gehören Joghurtbecher, Milchtüten, Safttüten, Folienpapier von Schokolade und Bonbons, Verpackungen von Gummibärchen und Chips, Konservendosen, Verpackungen von Käse, Wurst und Sahne, Plastikfläschchen, Verpackungen, in denen dein neues Spielzeug steckte, Folien, in denen CDs verschweißt waren und vieles, vieles mehr. Wir häufen gerade von diesem Verpackungsmüll Unmengen an. Dabei ist dies der unnötigste und schlimmste Müll. Warum das so ist, erfährst du gleich.

Der Verpackungsmüll kann teilweise wiederverwendet werden. Da er aus Plastik ist, kann er eingeschmolzen und zu neuen Plastikprodukten verarbeitet werden. Das funktioniert aber nicht immer. Und es gibt einige weitere Nachteile, auf die wir nachher noch zu sprechen kommen.

Restmüll

Kein Glas, kein Papier, kein Biomüll und auch keine Verpackung? Dann ab damit in den Restmüll. Denn dort kommt alles hinein, das nicht zu den anderen Kategorien gehört. Restmüll ist nun wirklich Müll, den niemand gebrauchen kann. Er wird verbrannt. Müllverbrennung ist manchmal die letzte Alternative. Aber dabei wird nicht nur sehr viel Energie verbraucht, sondern auch sehr viele Schadstoffe in die Luft geblasen. Die Verbrennung von Restmüll belastet also unser Klima und kostet uns Energieressourcen. Deshalb sollte deine persönliche Challenge sein, so wenig Restmüll wie möglich in eurem Haushalt zuzulassen.

In der Top Ten der Müllarten ist der Biomüll also ganz vorne. Papier und Glas haben ebenfalls ganz gute Möglichkeiten, umweltfreundlich entsorgt zu werden. Anders verhält es sich leider mit dem Plastikmüll. Vielleicht hast du schon mitbekommen, dass die Erwachsenen gerade sehr viel über das Thema Plastik diskutieren. Wir alle sollen zukünftig Plastikmüll vermeiden, am besten so wenig Plastik wie möglich kaufen. Doch warum ist das so? Woher kommt diese plötzliche Abneigung gegen Plastik?

Warum wir Plastikmüll vermeiden müssen

Plastik ist ein Kunststoff. Das bedeutet, es ist ein Stoff, welcher künstlich hergestellt wird. Menschen in früheren Zeiten kannten noch kein Plastik und kamen komplett ohne den Kunststoff aus. Oder hast du schon einmal etwas von Plastik im Mittelalter oder im alten Rom gehört? Natürlich nicht! Mit dem Plastik war es so wie mit vielen Erfindungen. Am Anfang denken die Menschen, dass sie etwas ganz Großartiges erfunden haben, das eine Bereicherung für alle Menschen darstellt. Häufig ist das mit großen Erfindungen auch so. Doch manchmal stellt man später fest, dass die Erfindung mehr schadet als nutzt. Und dann müssen die Menschen mit den Folgen ihrer Erfindung leben, die sie so nicht gewollt haben. Plastik hat natürlich sehr viele Vorteile: Es ist sehr stabil und haltbar, dabei aber auch leicht. Es kann vielseitig eingesetzt werden, lässt sich gut reinigen und es ist vor allen Dingen billiger als Rohstoffe. Also haben alle gedacht, dass zum Beispiel eine Schüssel aus Plastik viel praktischer ist als eine aus Glas, denn sie kann nicht zerbrechen. Plastikflaschen sind leichter als Glasflaschen und können in einem Getränkekasten somit viel besser getragen werden. Ein Kochlöffel aus Plastik lässt sich besser reinigen als ein Holzlöffel und hält viel länger, ohne Risse zu bekommen. Tragetaschen aus Plastik reißen nicht so schnell wie Papiertüten. Und Plastik kann natürlich auch in vielen bunten Farben hergestellt werden und sieht damit auch viel schöner aus.

Viel später haben wir aber festgestellt, dass Plastik einen sehr großen Nachteil hat: Es verrottet nicht. Heute nimmt Plastikmüll den größten Teil unseres Mülls ein. Und wir Menschen wissen immer weniger, was wir mit all dem Plastikmüll anstellen sollen.

Man kann Plastik recyclen, indem man es wie Glas einschmilzt und es dann zu etwas Neuem formt. Doch dabei gibt es zwei Haken: Erstens verliert das Plastik an Qualität. Wenn man etwas aus Plastik einschmilzt, kann es nur zu minderwertigen Plastik-Produkten wie etwa einen Getränkekasten verarbeitet werden. Irgendwann kann man mit dem Plastik gar nichts mehr anfangen. Der zweite Haken: Im Gegensatz zu Glas gibt es selten reines Plastik im Müll. Schau mal in euren

Verpackungsmüll hinein. Auf den ersten Blick siehst du vielleicht ganz viel Plastik. Doch vieles von dem Plastikmüll ist darüber hinaus mit anderen Materialien verbunden. Die Milchtüte beispielsweise besteht außen aus einer Art Karton, sie hat einen Plastikverschluss, ist innen aber mit Aluminium beschichtet, um die Milch vor Licht und Wärme zu schützen. Solche Stoffe nennt man auch **„Verbundstoffe“**, weil hier verschiedene Materialien miteinander verbunden sind.

Plastik kann also nicht einfach eingeschmolzen und wieder verwendet werden wie Glas oder Papier. Allein die Trennung der Verbundstoffe ist sehr aufwändig. Und schon wird wieder sehr viel Energie verbraucht. Und zum guten Schluss kann man ja doch nicht alles wiederverwerten, und ein großer Teil der Verpackung muss wie der Restmüll verbrannt werden. Auch das kostet Energie. Durch die Verbrennung des Kunststoffes entstehen außerdem sehr giftige Schadstoffe. Du weißt ja mittlerweile, wie schlecht das für unser Klima ist.

Es gibt ein weiteres Problem mit dem Plastik: Es landet leider nicht immer da, wo es hingehört. Das ist mit jedem Müll so, aber bei Plastik ist das am schlimmsten. Plastikmüll liegt in der Natur und ist vor allen Dingen auch in unseren Meeren und Flüssen zu finden.

Wie kommt denn das Plastik dahin? Hast du dich das schon gefragt?

Ein Grund dafür ist, dass es leider immer wieder Menschen gibt, die ihren Müll nicht ordentlich trennen, ihn sogar nicht einmal ordentlich im Mülleimer entsorgen. Sie werfen stattdessen Plastikmüll einfach dahin, wo sie gerade sind. Sicher hast du schonmal irgendwo im Wald Schokoladenpapier oder eine Plastikflasche gefunden. Wenn du aufmerksam durch die Straßen gehst, wirst du leider immer wieder irgendwo Müll sehen, den Menschen achtlos weggeworfen haben. Manchmal ist es auch so, dass sie den Müll vielleicht in den Mülleimer getan haben, er dort aber auf irgendeine Art wieder herausgekommen ist. Das kann durch einen Windstoß passiert sein, weil der Müll sehr voll war. Oder ein Tier wie eine Katze oder ein Waschbär haben auf der Suche nach Nahrung den Müll durchsucht. So ein Waschbär achtet beim Durchwühlen des Mülleimers leider nicht darauf, wo der Müll dabei so hinfliegt. Und so gelangt Müll auf die Straßen und Wege und in die Natur. Er wird vom Wind fortgeweht, manchmal auch von Menschen und Tieren irgendwohin geschleppt.

Eine Plastikflasche, die einfach in den Wald geworfen wird, braucht bis zu 500 Jahre, um vollkommen zu verrotten. Nun stell dir einmal vor: Die Flasche, die du heute wegwirfst, wird auch noch Hunderte von Jahre dort liegen, während es dich schon längst nicht mehr gibt. Und so sammelt sich viel mehr Plastikmüll an, als die Erde tragen kann.

Vieles von all dem Plastik landet in den Flüssen und in den Weltmeeren. Das passiert häufig von allein, wenn Plastikmüll durch den Wind in den Fluss geweht und von diesem ins Meer getragen wird. Manchmal verlieren auch Schiffe Plastik. Oder Menschen, die an Stränden und an Flussufern sitzen und picknicken, entsorgen ihren Müll nicht, lassen ihn dort liegen, und er wird vom Wasser fortgespült. Im Wasser sammelt sich erschreckend viel Plastik. Wissenschaftler haben beispielsweise festgestellt, dass in der Nordsee auf einer Meeresgrundfläche von einem Quadratkilometer – das ist eine Fläche von 1.000 Metern Breite und 1.000 Metern Länge – rund elf Kilogramm Plastik lagern. Nur auf einem Quadratkilometer! Kannst du dir vorstellen, wie viel Plastik weltweit auf dem Meeresboden liegt?

Dass sich Plastik im Meer ansammelt, passiert auch durch ein weiteres unheimliches Phänomen: durch so genannte Geisternetze. Keine Sorge, mit echten Geistern hat das natürlich nichts zu tun. Vielleicht hast du schon einmal von Geisterschiffen gehört. Das sind natürlich auch nicht Schiffe wie aus Piratenfilmen, die von Skeletten und anderen schaurigen Gestalten gesteuert werden. Geisterschiffe sind vielmehr Schiffe, die völlig ohne Besatzung fahren. Das passiert, wenn alle Mitglieder an Bord durch eine Krankheit sterben oder durch einen Sturm von Bord gehen. Auch Piraten, die das Schiff geentert und geplündert haben, können schuld daran sein, dass die Besatzung nicht mehr da ist. Und so treibt das Schiff herrenlos einfach auf dem Meer herum. Es gibt ja niemanden, der es in den Hafen steuert. Manchmal geht es irgendwann einfach unter.

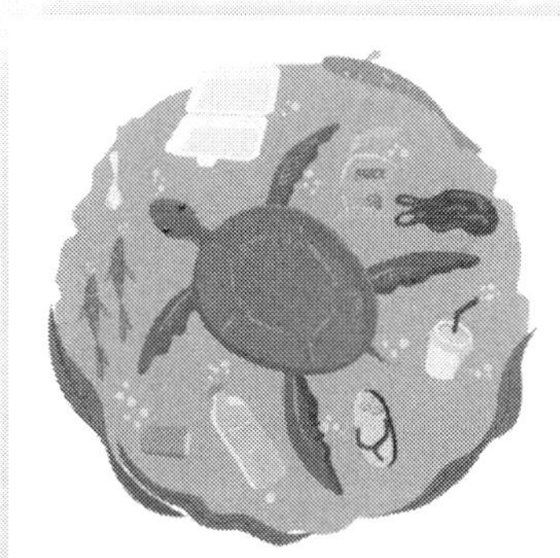

Zurück zu unseren Geisternetzen. Dabei handelt es sich um große Fischernetze, die sich aus Versehen gelöst haben oder auch weggeworfen wurden, weil sie kaputt waren. Diese Netze sind häufig selbst aus Kunststoff. Sie treiben einfach im Meer herum und sammeln dabei versehentlich viele weitere Kunststoffsachen ein, die ansonsten vielleicht ans Ufer gespült werden würden. So wird unser Meer zu einem wahren Plastikdepot.

Fragst du dich, was daran so schlimm ist? Man könnte ja denken, dass es ziemlich praktisch ist, wenn Plastik einfach so mir nichts, dir nichts im Meer verschwindet. So ist es wenigstens weg und muss nicht verbrannt werden. Leider ist das viele Plastik in den Weltmeeren alles andere als gut. Zum einen kannst du dir denken, dass das Plastik die Ökologie im Meer durcheinanderbringt. Normalerweise ist der Kreislauf in der Natur sehr ausgewogen. Das ist auch im Meer so. Pflanzen und Tiere haben sich optimal angepasst, alles ist im Gleichgewicht. Wenn nun etwas Künstliches wie Plastik dazukommt, kann das Probleme bereiten. Lebensraum wird unbrauchbar gemacht, worunter viele Arten leiden. Ein besonders großes Problem ist aber, dass das Plastik meist nicht einfach nur auf dem Meeresgrund liegen bleibt, sondern dass es von Tieren, die im Wasser leben auch gefressen wird. Das passiert unabsichtlich. So ein Fisch weiß natürlich nicht, was Plastik ist und frisst es vielleicht auch nur, weil es zufällig da ist. Wale sperren zum Fressen einfach ihre Münder auf, so dass alles, was im Meer so schwimmt, hineinfließt. Das ist für den Wal eine praktische Methode zu essen. Denn normalerweise ist im Meer ja nur gesunde Nahrung für ihn wie Plankton oder Krill. Aber wenn nun auch die eine oder andere Plastikflasche darin treibt, landet diese ebenso in seinem Bauch. Immer wieder werden an den Küsten Wale, Delfine, Haie und andere Meereslebewesen angeschwemmt, deren Bauch voller Plastikmüll ist. Meist sind die Tiere daran jämmerlich gestorben. Denn stell dir einmal vor, wie es dir gehen würde, wenn du zehn Plastiktüten verschlingen müsstest. Du hättest nicht nur ordentlich Bauchweh, das Plastik würde sich auch womöglich um irgendwelche Organe wickeln und deine Verdauung behindern. Nichts anderes passiert den vielen Meeresbewohnern, die mit dem Plastikmüll leben müssen, den wir Menschen achtlos fortwerfen.

Hinzu kommen viele Tiere, die auf andere Art an dem Plastik verenden. Manchmal wickeln sich Plastikschnüre um ihre Hälse und ersticken sie, manchmal sterben sie an Flaschen und Tüten, in denen sie hängen bleiben. Ist es nicht furchtbar egoistisch, dass wir in Kauf nehmen, dass so viele Lebewesen qualvoll verenden müssen, nur weil wir Menschen das mit dem Plastik nicht in den Griff bekommen?

Was können wir also tun?

Zunächst heißt es einfach, Plastik zu reduzieren! Wir brauchen doch gar nicht so viel Plastik in unserem Leben. Überlege mal, wie viel Plastikmüll sich bei euch zuhause ansammelt, den ihr im Grunde gar nicht erst gebraucht hättet. Aus diesem Grund haben sich ganz viele Menschen bereits überlegt, wie sie Plastik reduzieren können. Das kannst du auch. Und du kannst deine Eltern dazu motivieren, dir bei dem Versuch, weniger Plastikmüll entsorgen zu müssen, zu helfen.

Das könnt ihr tun, um Plastik zu reduzieren:

- Im Supermarkt unverpacktes Obst und Gemüse kaufen und auch keine Plastiktüten nehmen, um euer Obst oder Gemüse hinein zu tun. Ein paar Äpfel kann man doch prima einfach so im Korb oder im Stoffbeutel transportieren!
- Auch bei anderen Produkten solche kaufen, die nicht großartig mit Plastik verpackt sind. Du wohnst in einer größeren Stadt? Vielleicht gibt es da auch einen Laden, der Waren unverpackt verkauft. Dazu bringen Menschen einfach selbst ihre Behälter mit! Frag doch mal deine Eltern danach.
- Verwende Taschen und Beutel, aber auch andere Verpackungen mehrmals.
- Nehmt euch Zeit beim Einkauf und schaut bei den einzelnen Produkten ruhig mal auf die Inhaltsstoffe. Ihr werdet überrascht sein. Manchmal versteckt sich Plastik in Produkten, von denen ihr das gar nicht erwartet hättet. In Gesichtsreinigungsmitteln sind beispielsweiße oft klitzekleine Kunststoffkügelchen darin. Die meinen die Hersteller reinrühren zu müssen, damit beim Waschen ein schöner rubbeliger Effekt entsteht. Kunststoff ist ja eine sehr günstige Zugabe. Doch natürlich geht es auch völlig ohne.

Du kannst natürlich, um Plastik zu reduzieren, auf Alternativen ohne Plastik zurückgreifen.

Alternativen zu Plastik

Gott sei Dank haben die meisten Menschen bereits begriffen, dass zu viel Kunststoff weder uns noch unserer Erde guttut. Deshalb gibt es viele Alternativen zu Plastik. Falls du gerade überlegst, was eine Alternative ist was der Begriff ‚Alternative' bedeutet: Eine Alternative ist immer eine weitere Möglichkeit. Das heißt also, du hast immer die Wahl, statt Plastik auf eine Möglichkeit zurückzugreifen, die den gleichen Zweck erfüllt, aber viel umweltverträglicher ist.

Alternativen zu Plastik sind immer Rohstoffe, die sich entweder gut wiederverwerten lassen oder aber möglichst energiearm und umweltverträglich entsorgt werden. Demnach sind mögliche Alternativen zu Plastik Glas, Holz und Papier, aber auch immer eine Variante, bei der man Sachen einfach immer wieder benutzt und gar nichts neu kauft. Das spart auch noch Geld!

Mögliche Alternativen können sein:

- statt Schüsseln, Kochlöffeln und Schneidebrettern aus Plastik lieber welche aus Holz
- beim Getränkekauf lieber Glasflaschen kaufen als Plastikflaschen
- wiederverwendbare Flaschen benutzen, in denen du dir deine Getränke abfüllst
- Butterbrottüten aus Papier statt Klarsichtfolie aus Kunststoff
- dünne Wachstücher zum Frischhalten von Speisen statt Frischhaltefolie
- Stoffbeutel und Körbe beim Einkaufen verwenden, wenn du mal eine Tüte brauchst, nimm eine aus Papier
- Zahnbürsten, Haarbürsten etc. aus Holz kaufen
- Strohhalme aus Pappe oder Glas verwenden – oder ganz auf Strohhalme verzichten
- Buntstifte statt Filzstifte zum Malen benutzen
- Unnötiger Plastikdeko-Kram auf Partys muss doch nicht sein. Es gibt tolle Sachen aus Pappe und Papier!

Sicher fallen dir und deinen Eltern viele weitere Möglichkeiten ein, wie ihr Plastik in eurem Haus oder in eurer Wohnung nach und nach durch bessere Alternativen ersetzen könnt.

Übrigens: Es ist keine gute Idee, jetzt sofort alles, was aus Plastik ist, zu entsorgen, und alles neu aus Holz, Papier oder Ähnlichem zu kaufen. Denn damit produzierst du mit einem Mal richtig viel unnötigen Plastikmüll. Der Kunststoff ist ja nun schon einmal da. Verwendet also lieber Plastikschüsseln, Zahnbürsten und so weiter so lange, bis ihr sie wirklich ersetzen müsst. Erst dann bietet sich eine gute Gelegenheit, um eine bessere Variante zu wählen.

Aufgepasst, kleiner Erdenretter! Hier nochmal deine Tipps, mit denen du dazu beitragen kannst, das Problem Müll auf dieser Erde in den Griff zu bekommen!

1. Trenne deinen Müll ordentlich! Das kostet dich nicht viel Zeit, tut aber unserer Erde ungemein gut. Wenn du also einen Joghurtbecher leer isst, wirf ihn nicht einfach so, wie er ist, in den Müll. Wasche ihn kurz aus, ehe du ihn im Verpackungsmüll entsorgst. Auch benutzte Gläser solltest du ausspülen. Das Glas landet im Glascontainer, der Deckel aber im Verpackungsmüll.

2. Lerne zu recyclen. Was kannst du nochmal verwenden? Vielleicht eignen sich Klopapierrollen zum Basteln. Plastikflaschen können auch ganz toll in etwas anderes umgewandelt werden. Vielleicht bastelst du deine nächste Sankt Martins-Laterne aus einer Plastikflasche? Gläser können zum Befeuchten deiner Pinsel herhalten, wenn du mit Wasserfarben malst. Kauft nicht immer neue Tüten, wenn ihr einkaufen geht, sondern benutzt einfach die bereits vorhandenen Beutel. Verwendet einfach Dinge, so oft es geht, mehrmals, ehe ihr etwas Neues kauft.
Achte immer darauf, ob es Alternativen zu Plastik gibt.

3. Pfandflaschen sind nicht gleich Pfandflaschen. Diejenigen, die nur ausgespült werden, sind umweltfreundlicher als Flaschen, die in den Pfandautomaten geworfen und dort geschrettert werden. Diese werden nämlich erst einmal wieder eingeschmolzen.

4. Kaufe Papierprodukte aus recyceltem Papier. Das erkennst du an dem Symbol „Blauer Engel".

Vielleicht fällt dir noch viel mehr ein, was du tun kannst.
Warum startest du nicht einfach mal eine Umweltaktion? Informiere deine Mitschüler und Freunde über das Problem und überlegt euch, was ihr gemeinsam gegen den vielen Müll tun könnt. Fragt eure Lehrer, ob ihr beispielsweise beim nächsten Schulfest einen Informationsstand aufbauen könnt. Oder veranstaltet einen Aufräum-Tag, bei dem ihr alle zusammen durch die Straßen, den Park oder den Wald geht und Müll einsammelt. Der Umwelt zuliebe.

Gerade beim Thema Müll ist es für einen kleinen und großen Umweltschützer wichtig, mit offenen Augen durch die Welt zu gehen und wachsam zu bleiben. Wenn du erst einmal sensibilisiert bist, wirst du jeden Tag und überall etwas entdecken, was wir alle besser machen können. Fang einfach an, wenn die Erwachsenen nicht von allein draufkommen!

Wasser ist Leben

Wasser ist das Wichtigste, was wir alle zum Leben brauchen, wusstest du das? Vielleicht hat deine Mutter dir schon öfter gesagt, du solltest genügend trinken. Vielleicht hast du auch schon gehört, dass Menschen krank wurden, weil sie zu wenig getrunken haben. Tatsächlich können wir Menschen ohne Flüssigkeit nur bis zu drei Tage überleben.

Dass Wasser überlebensnotwendig ist, teilen wir mit allen anderen Lebewesen auf diesem Planeten, ganz gleich, ob es Tiere oder Pflanzen sind. Natürlich brauchen wir unterschiedliche Mengen von Wasser. Ein Kamel trinkt womöglich weniger Wasser als du. Es kann das Wasser aber auch besser speichern. Manche Pflanzen brauchen sehr wenig Wasser, andere sehr viel. Aber so ganz ohne Flüssigkeit kommt kein Lebewesen aus. Deshalb müssen wir unser Wasser auch schützen.

Gibt es denn nicht genügend Wasser auf der Welt?

Es gibt auf unserem Planeten eigentlich genügend Wasser für alle Lebewesen. Du hast vielleicht schon einmal den Begriff „Blauer Planet“ gehört. So nennen viele unsere Erde, weil sie von der Ferne sehr blau erscheint. Das liegt daran, dass die Meere den größten Teil unserer Erde bedecken. Doch dabei gibt es wieder einmal einen Haken: Der größte Teil dieser Wassermassen ist Salzwasser. Du warst vielleicht schon einmal am Meer und hast etwas vom Meerwasser in den Mund bekommen. Dann hast du festgestellt, dass es sehr, sehr salzig schmeckt. Damit ist es für uns Menschen und für die Landsäugetiere ungenießbar. Das erklärt auch, warum Menschen verdursten können, die auf einem Boot auf dem Meer treiben. Den Durst mit Salzwasser zu löschen, wäre keine gute Idee. In größeren Mengen würde das Salz unserem Körper nur noch mehr Flüssigkeit entziehen und wir würden sterben.

Wir Menschen brauchen zum Leben Süßwasser, wie es in Flüssen und Seen, aber auch im Gletschereis und im Grundwasser zu finden ist. Wie viel Süßwasser uns zur Verfügung steht, ist daher sehr unterschiedlich. In vielen Regionen dieser Erde gibt es zahlreiche Flüsse und Seen. In Ländern wie Deutschland fällt sehr viel Regen und Schnee, so dass wir eigentlich immer mit ausreichend Grundwasser versorgt sind. Anders verhält es sich mit sehr heißen und trockenen Ländern wie beispielsweise denen, die auf dem afrikanischen Kontinent zu finden sind. In trockenen, heißen Wüstengegenden herrscht Wasserknappheit. Wasser ist auf dieser Erde also sehr ungerecht verteilt.

Wie sieht das Leben mit Wassermangel aus?

In 25 Ländern dieser Erde leiden die Menschen unter großem Wassermangel. Das betrifft vor allen Dingen Länder, die sehr heiß und trocken sind, so dass es wenig regnet. Arme Länder sind vom Wassermangel eher betroffen als reichere Länder. Denn die Länder, in denen reiche Menschen leben, haben die finanzielle Möglichkeit, Meerwasser zu entsalzen und somit nutzbar zu machen. Länder wie Israel haben clevere Bewässerungssysteme entwickelt, um mit dem wenigen Wasser trotzdem alle wichtigen Regionen versorgen zu können. Dafür braucht es jedoch nicht nur Geld, sondern auch kluge, gut ausgebildete Menschen, die diese Bewässerungsanlagen entwickeln. Das bedeutet: Unter Wassermangel leiden nicht nur die Länder, die unter sehr trockenen und heißen Bedingungen leben, sondern eben gerade auch diejenigen, in denen wenig Geld vorhanden ist und in denen die Menschen nicht gut ausgebildet werden können.

Wie sieht das bei uns aus?

In Deutschland geht es uns, was die Wasserversorgung angeht, ziemlich gut. Es regnet oder schneit recht oft, so dass unser Depot an Grundwasser meist gut gefüllt ist. Außerdem besitzt Deutschland ausreichend Geld und ein gutes Bildungssystem, um die besten Bewässerungs- und Wasserversorgungsanlagen zu bauen. Das bedeutet für dich nichts anderes, als dass du ohne nachzudenken den Wasserhahn aufdrehen kannst und du hast immer frisches Wasser zur Verfügung.

Dabei sollten auch wir lernen, sparsamer mit dem Wasser umzugehen. Warum das so ist, erfährst du nun.

Woher kommt unser Wasser eigentlich?

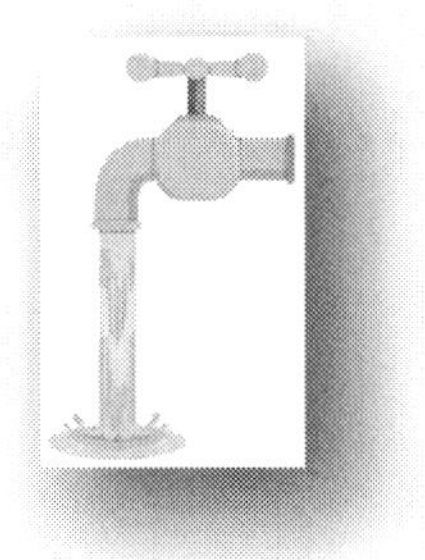

Wasserhahn aufgedreht und heraus kommt ganz selbstverständlich sauberes Trinkwasser. So bist du es gewohnt, richtig? Aber hast du dich schon einmal gefragt, woher das Wasser kommt, das aus deinem Wasserhahn fließt? Vielleicht ahnst du, dass es durch Leitungen zu eurem Haus oder eurer Wohnung geführt wird. Vielleicht weißt du auch schon längst, dass es dafür auch sehr große Rohre unter eurer Straße gibt. Aber weißt du auch, woher das Wasser ursprünglich stammt und wie es überhaupt erst in euere Rohre gelangt?

Fangen wir einmal ganz vorne an: Wasser ist in ausreichender Menge auf unserem Planeten vorhanden. Es ist in den Meeren, in Flüssen und

Seen, im Eis und Schnee und im Grundwasser. Anders als viele Rohstoffe kann Wasser niemals aufgebraucht werden. Es verschwindet niemals. Es wird von uns und anderen Lebewesen nur gebraucht, dann aber wieder in anderer Form der Erde zurückgegeben. Das heißt, niemals verschwindet das Wasser vollständig. Das mag dich nun verwundern und vielleicht sagst du jetzt „Das stimmt nicht". Wenn ich ein Glas Wasser trinke, ist es doch leer! Wenn ich dusche und das Wasser dann in den Ablauf fließen lasse, kommt es doch nicht wieder! Und ich habe schon oft gesehen, dass in der Sonne eine Pfütze einfach verdunstet ist. Wasser verschwindet also doch!

Doch du irrst dich! In Wirklichkeit befindet sich alles Wasser auf der Erde in einem ständigen Kreislauf. Durch Sonne und Wärme verdunstet Wasser. Es verschwindet jedoch nicht, es verändert nur seine Form. Es wird zu Dampf und steigt damit für uns unsichtbar in die Luft. Dort oben am Himmel bildet es dann Wolken. All die schönen Schäfchenwolken, die du am Himmel siehst, wie auch die dunklen Gewitterwolken, bestehen aus Wasserdampf. Am Himmel kühlt der Dampf wieder ab und wird wieder zu Wasser. Je nach Temperatur kommt es als Regen oder Schnee zurück zur Erde. Dort fließt es wieder ins Meer, in die Flüsse und Seen und zurück ins Grundwasser. Damit schließt sich der Kreislauf. Das ist eigentlich perfekt, denn so können wir sicher sein, dass wir niemals unser Wasser einfach aufbrauchen können.

Das meiste Wasser in Deutschland stammt aus dem Grundwasser. Da es bei uns sehr viel regnet, werden die natürlichen Speicher immer wieder aufgefüllt. Teilweise kommt unser Leitungswasser auch aus Flüssen und Talsperren. Von dort gelangt es aber nicht einfach so über die Rohre zu eurem Wasserhahn. Denn in Deutschland legen wir alle sehr großen Wert darauf, dass das Wasser frei von Schmutz und Schadstoffen ist. In Ländern, in denen nicht so sorgfältig darauf geachtet wird, kommt es leider sehr oft vor, dass Menschen aufgrund von verschmutztem oder verseuchtem Wasser krank werden und sogar sterben. Vielleicht warst du einmal in einem entfernteren Land im Urlaub und hast mitbekommen, dass man dort weder Wasser aus dem Wasserhahn trinken noch sich damit die Zähne putzen durfte. Das liegt daran, dass die Menschen in solchen Ländern nie sicher sein können, dass ihr Wasser auch wirklich sauber und gesund ist.

Glücklicherweise müssen wir uns in Deutschland da weniger Gedanken machen. Du kannst ganz unbesorgt Wasser aus dem Wasserhahn als Trinkwasser nutzen. Dazu wird in Deutschland aber auch einiges getan.

Wie wird unser Trinkwasser geschützt?

Damit wir sicher sein können, dass unser Wasser sauber ist, wird an allen Stationen des Wasserkreislaufs sehr sorgfältig darauf geachtet, dass das Wasser geschützt ist. Das fängt bereits dort an, wo das Grundwasser aus dem Boden gepumpt wird. Dort dürfen beispielsweise keine Fabriken stehen, die den Boden verschmutzen könnten. Denn alles, was in den Boden kommt, fließt automatisch auch ins Trinkwasser. Im gesamten Gebiet gibt es Vorschriften, die einzuhalten sind. Bei Flüssen und Talsperren, aus denen Trinkwasser entnommen wird, gelten ähnliche Regeln. Auch darf dort nicht gebadet werden und es dürfen dort auch keine Motorboote fahren.

Obwohl hier bereits sehr auf Sauberkeit geachtet wird, wird das Wasser in Wasserwerken nochmals gereinigt, bevor es in eure Rohre fließt.

Kann es trotzdem zu Verunreinigungen kommen?

Auch in Deutschland kann es hin und wieder zu Schadstoffen im Wasser kommen, die Durchfall und Bauchschmerzen verursachen können. Denn auch wenn die einzelnen Stationen der Wasserversorgung geschützt sind, so kann man nie genau sagen, was in einzelnen Regionen im Grundwasser landet. Dort, wo Fabriken mit Chemikalien arbeiten, sollte immer dafür gesorgt werden, dass keine dieser Stoffe ins Grundwasser gelangen. Für diese Fabriken gelten ganz besondere Gesetze. Doch nicht immer halten sich die Firmeninhaber daran. Immer wieder kommt es zu Verstößen, bei denen verbotenerweise diese Schadstoffe ungehindert ins Grundwasser gesickert sind. Wenn die Polizei solchen Umweltsündern auf die Spur kommt, drohen diesen zwar hohe Strafen. Doch das Grundwasser wird dadurch leider auch nicht mehr sauber. Auch in der Landwirtschaft kommt es immer wieder zu Verunreinigungen, wenn die Landwirte Chemikalien verwenden, um ihre Felder zu düngen oder die Pflanzen vor Schädlingen zu schützen. Sie tun das, damit sie eine größere und bessere Ernte haben und diese nicht etwa von Insekten und anderen Schädlingen zerstört wird. Es ist für die Landwirte also durchaus sinnvoll, diese Chemikalien zu verwenden. Doch mittlerweile wissen wir auch, dass die Schadstoffe, die so in unser Wasser gelangen, uns sehr gefährlich werden können. Deshalb sind bestimmte Chemikalien in Deutschland auch verboten. Außerdem wird unser Wasser besonders sorgfältig in mehreren Etappen gereinigt.

Aus dem Wasserhahn – und dann?

Weißt du eigentlich, wie viel wir durchschnittlich am Tag an Wasser verbrauchen? Was schätzt du, wie viel Wasser DU verbrauchst? Eine Flasche? Ein Eimer?

Tatsächlich verbrauchen wir in Deutschland durchschnittlich 116 Liter am Tag pro Person. Das sind also mehr als elf große Putzeimer voll. Oder 116 Wasserflaschen, die jeweils zu einem Liter gefüllt werden. Das kann man sich nur schwer vorstellen, nicht wahr?

Den größten Teil verbrauchen wir zum Baden, Duschen oder Zähneputzen. Zwei Liter trinken wir. Der Rest wird dazu benutzt, um unsere Wäsche und unser Geschirr zu waschen, für die Toilettenspülung und zum Kochen.

Durch die Abwasserrohre fließt unser schmutziges, verbrauchtes Wasser in die Kanalisation. Unterirdische Rohre leiten es dann ins Klärwerk. Dort wird das Wasser gereinigt. Selbst das sehr verschmutzte Wasser aus eurer Toilette wird hier wieder richtig sauber. So kann das Wasser erneut wieder zurück in die Haushalte geführt und verwendet werden.

Ein perfektes System. Nun müssen wir alle nur noch lernen, unser Wasser außerhalb unserer Häuser sauber zu halten.

Experiment: Wie schmutzig ist das Wasser?

Teste in folgendem Experiment doch einfach, wie schmutzig das Wasser in deiner Umgebung ist. Dazu brauchst du lediglich ein paar kleine Gläser mit Schraubverschluss. Wenn du dazu alte, saubere Marmeladengläser sammelst, hast du gleich wieder etwas zum Recycling beigetragen. Du kannst auch kleine Flaschen verwenden.

Suche dir nun verschiedene Wasserquellen in deiner Umgebung. Das kann ein See, ein Tümpel oder Fluss sein. Aber auch eine Pfütze, ein Bach, ein Teich, ein Springbrunnen, eine Regentonne, eine Vogeltränke oder etwas anderes, in dem Wasser ist. Fülle nun in deine Gläser jeweils etwas von dem Wasser. Für jede Wasserquelle nimmst du ein anderes Glas. Nun hast du viele verschiedene Wasserproben aus unterschiedlichen Quellen, die du zuhause untersuchen kannst.

Beschrifte die Gläser sorgfältig und notiere dir, wie die unmittelbare Umgebung des Wassers war. War es dort sauber? Gab es viel Verkehr? Eine Fabrik? Sind dort viele Menschen unterwegs? Was gibt es sonst noch Bemerkenswertes?

Nun untersuche das Wasser. Sieht es sauber aus? Schwimmt etwas darin herum? Kleine Partikel, Staubkörnchen oder sogar größere Rückstände? Ist es überhaupt noch klar oder bereits verfärbt? Und nun halte ruhig auch einmal deine Nase in das Glas: Riecht es irgendwie, vielleicht sogar unangenehm? Welche Schlüsse lassen sich daraus ziehen? Besprich deine Forschungsergebnisse mit deinen Eltern.

Denk daran: An der Quelle eines Flusses ist das Wasser immer ganz sauber. Erst, wenn er durch Dörfer und Städte und vorbei an Fabriken geflossen ist, hat der Fluss all den Dreck aufgesammelt. Dreck, den wir verursacht haben und der dann ungehindert in unsere Meere fließt. Dort wird wichtiger Lebensraum der Meeresbewohner geschädigt. Deshalb sollten wir unbedingt auch unser Wasser schützen.

So kannst du Zuhause helfen, das Wasser auf der Erde zu schützen!

Um das Wasser zu schützen, kannst du als Erdenretter deinen Beitrag dazu leisten, das Wasser sauber zu halten. Achte einfach darauf, wie das Wasser, das du verbrauchst, in den Abfluss fließt.

Denn alles, was du in den Abfluss fließen lässt, landet im Wasserkreislauf. Du kannst dich nicht darauf verlassen, dass das Wasser doch sowieso im Klärwerk gereinigt wird. Das wird es natürlich, aber die Kläranlage kommt nicht mit jeder Form von Schmutz zurecht.

Vielleicht habt ihr zuhause eine Spülmaschine. Dann hast du es sicher schon mitbekommen, dass deine Eltern das schmutzige Geschirr erst von Essensresten reinigen, ehe sie es einräumen. Denn mit völlig verdreckten Tellern, an denen noch Essen klebt, wäre jede Spülmaschine überfordert.

So ist es auch mit der Kläranlage. Deshalb achte darauf, dass dein Wasser nicht unnötig schmutzig in den Abfluss läuft.

- Wirf nichts in die Toilette oder in den Ausguss, das dort nicht hingehört
- Spüle keine Lebensmittel in die Toilette
- Spüle keine Farben, Medikamente oder andere Chemikalien in den Ausguss

Wasserverschwendung kannst du vermeiden!

Du hast ja schon gelesen, dass es nicht alle Menschen auf der Welt so gut wie du haben und unbegrenzt einfach den Wasserhahn laufen lassen können. Wasser ist in Wirklichkeit ein sehr kostbares Gut, das man in Ehren halten sollte. Es wäre eine Schande, Wasser sinnlos zu verschwenden.

Auch wenn, wie du gelernt hast, Wasser nie aufgebraucht wird, sondern sowieso wieder in den Kreislauf zurückfließt, tust du mit Wasserverschwendung der Umwelt keinen Gefallen. Denn verschwendetes Wasser verursacht unnötig viel Energie, weil es ja unnötigerweise gereinigt und aufbereitet werden muss. Als Erdenretter kannst du mit einigen wenigen Maßnahmen einen sehr wichtigen Superheldenbeitrag leisten.

- Wenn du dir die Zähne putzt, dann lass währenddessen das Wasser nicht unnütz laufen. Benutze lieber einen Becher, um den Mund auszuspülen.

- Das gleiche gilt für die Dusche: Während des Einseifens kannst du den Wasserhahn zudrehen!
- Dreh den Wasserhahn immer komplett zu, damit er nicht tropft.
- Fang Regenwasser auf und benutze es, um Blumen zu gießen.
- Matschspiele sind schön. Vielleicht beschränkst du dich aber darauf, wenn es geregnet hat und draußen sowieso nass ist. Oder du achtest zumindest darauf, nicht zu viel Wasser dabei zu gebrauchen.

Wasser als Lebensraum – Wenn Wasserverschmutzung Leben zerstört

Es wurde ja bereits angesprochen, das Dreck und vor allen Dingen Plastik im Meer wichtigen Lebensraum zerstört. Das Problem mit dem Plastik ist mittlerweile sogar so schlimm, dass sich in den Weltmeeren richtige Müllinseln gebildet haben. Denk dir, es gibt sogar Müllinseln, die sind größer als Deutschland!

Die Meere sind fast unendlich groß. Wie viel Müll also tatsächlich in unseren Ozeanen schwimmt, können selbst die besten Forscher nur schätzen. Aber es muss eine gewaltige Menge sein. Experten glauben, es sind sogar mehrere Millionen Tonnen Müll. Eine Tonne entspricht 1.000 Kilogramm. Das ist also eine Menge an Müll, die sich normale Menschen gar nicht mehr vorstellen können. Sogar vom Weltall aus kann man die Müllinseln erkennen. Sie verschmutzen nicht nur das Wasser, sondern stellen eine Lebensgefahr für all die Meeresbewohner wie Delfine, Wale und Fische, aber auch Vögel dar. Sie verfangen sich in größeren Plastikteilen und verschlucken sie. Im Laufe der Zeit wird das Plastik nach und nach in immer kleinere Teile zerrieben. Das ist ein völlig normaler Vorgang, so wird aus Steinen und Muscheln beispielsweise auch feinkörniger Sand. Je kleiner der Kunststoff ist, der im Meer schwimmt, umso eher kann er dann auch von noch kleineren Fischen gefressen werden. Und ist das Plastik auch noch so klein, es tut keinem Lebewesen wirklich gut.

Wie du bereits weißt, stammt dieser Müll oft von Schiffen, aber auch von achtlos weggeworfenen Dingen, die Menschen an Ufern und Flüssen einfach liegenlassen.

Der Plastikmüll im Meer kann langfristig auch uns Menschen schädigen. Noch sind sich Experten nicht sicher, inwiefern uns der Plastikmüll in den Meeren schaden kann. Aber winzig kleine Plastik-Stücke, die in den Fischbäuchen gelandet sind, gelangen auf diese Weise auch in unseren Körper, wenn wir Meeresfisch essen. Auch hier handelt es sich um einen Kreislauf. Der Müll, den wir im Meer entsorgen, kommt irgendwann zu uns zurück. Und alle Wissenschaftler sind sich sicher, dass Kunststoff für unseren Körper sehr schädlich ist. Wahrscheinlich werden viele Menschen einmal sehr krank deswegen werden.

So hilfst du, diese traurige Entwicklung aufzuhalten:

- Wirf nichts in Seen, Flüsse und Bäche.
- Benutze beim Waschen und Duschen nicht unnötig viel Seife oder Shampoo.
- Verwende bei sämtlichen Reinigungsmitteln lieber umweltfreundliche Naturprodukte, die unser Wasser nicht unnötig mit Chemikalien belasten.

Unser Wald

Irgendwann einmal bestand unser Land zum größten Teil aus Wäldern. Die waren einmal so dicht und groß, dass sich Menschen darin verirren konnten. Aus gutem Grund fanden Menschen die großen Waldgebiete richtig unheimlich. Du kennst bestimmt alte Märchen und Geschichten, die in großen, dunklen Wäldern spielen. Doch davon ist heute gar nicht mehr viel übrig. Nach und nach wurden wir Menschen immer mehr. Und immer mehr Menschen brauchten auch immer mehr Platz, denn mittlerweile sind wir es gewohnt, in komfortablen Häusern zu wohnen und auf asphaltierten Straßen zu fahren. Für die Landwirtschaft mussten Felder geschaffen werden sowie Weideland für das Vieh. Das alles führte dazu, dass Wälder gerodet wurden. Aber auch der wachsende Bedarf an Holz ist schuld daran. Trotzdem spielt der Wald bis heute eine sehr große Rolle in unserem Ökosystem. Außerdem sind sie einfach wunderbar. Viele Menschen schwören darauf, lange, ausgedehnte Spaziergänge im Wald zu machen. Denn dort finden sie Stille und Erholung. Außerdem ist hier die „grüne

Lunge“ besonders ausgeprägt und wir genießen es, die frische Luft zu atmen, die uns die Bäume schenken.

Es ist schwer vorstellbar, dass unser Wald auch in Gefahr sein sollte, oder? Doch leider ist genau das der Fall. Die Veränderung des Klimas – du erinnerst dich, wir nennen das Klimawandel – schadet auch unserem Wald. Gleichzeitig wächst der Bedarf an dem Rohstoff weiter. Das gilt vielleicht umso mehr, wenn wir zukünftig versuchen, auf Plastik umzusteigen. Was sollen wir also mit unserem Wald nur anfangen?

Warum wir den Wald brauchen

So wenig Wald, wie man vielleicht im ersten Moment glauben mag, haben wir in Deutschland gar nicht. Rund ein Drittel unserer gesamten Fläche ist mit Wald bedeckt. Natürlich ist das in jedem Bundesland anders. Es gibt sehr waldreiche Bundesländer und solche, die dichter besiedelt sind oder an der Küste liegen, wo weniger Wälder vorhanden sind.

Die Form unserer Wälder entspricht gar nicht mehr der, die sie ursprünglich mal hatte. Wir Menschen haben über Hunderte von Jahren hinweg den Wald genutzt und ihn geformt. Man sagt dazu, er sei nun Teil unserer Kulturlandschaft. Damit tragen wir die Verantwortung für unseren Wald.

Wir bewirtschaften den Wald, wenn wir ihn beispielsweise als Holzlieferant nutzen. Doch natürlich haben die Menschen längst begriffen, dass der Wald schützenswert ist. Deshalb achten wir heute auf Nachhaltigkeit. Diesen Begriff hast du vielleicht schon einmal gehört. Er bedeutet einfach, dass wir bei allem, was wir mit dem Wald machen, darauf achten, dass er die Möglichkeit hat, nachzuwachsen und sich zu regenerieren. Wir pflanzen neue Bäume und roden niemals so viel, als dass der Baumbestand darunter leiden könnte. Das ist doch schon mal ein guter Anfang!

Indem wir die Naturlandschaft des Waldes schützen, erhalten wir die biologische Vielfalt. Das wiederum bedeutet, wir achten so sorgsam auf unseren Wald, dass möglichst viele verschiedenen Pflanzen und Tiere sich dort wohlfühlen und weiter darin wachsen und gedeihen.

Doch was macht den Wald so wichtig für uns?

Man könnte jetzt natürlich argumentieren, dass der Wald einfach

wunderschön ist. Verdient nicht alles Schöne dieser Erde, dass wir darauf achten? Schließlich sollen noch unsere Kinder, Enkel, Urenkel und Ururenkel genau wie wir ihre Freude an dem schönen Wald haben. Es wäre sehr egoistisch, würden wir jetzt alles zerstören.

Doch darüber hinaus hat der Wald einige sehr wichtige Funktionen. Es liegt also in unserem eigenen Interesse, den Wald zu schützen.

Diese Funktionen erfüllt der Wald für uns Menschen und unsere Erde:

- Mit Holz liefert er uns einen der wichtigsten Rohstoffe. Wir brauchen es für Möbel, Bunt- und Bleistifte, alles, was aus Papier und Pappe gemacht wird und vieles, vieles mehr.
- Der Wald reguliert das Klima. Der Wald beeinflusst den Wasserkreislauf und hilft auch, Sonnenenergie zu speichern. Der Wald reguliert den Wind und speichert besonders viel Kohlenstoff.
- Im Waldboden, den Pflanzen und Bäumen wird besonders viel Wasser gespeichert. Gleichzeitig fungieren sie als natürliche Wasserfilter. Sie helfen also dabei, unser Grundwasser sauber zu halten. Da das Wasser von den Pflanzen und dem Waldboden aufgenommen wird, kehrt es nicht als Niederschlag zurück.
- Der Wald ist eine natürliche Barriere, die uns vor Steinschlägen, Geröll und Lawinen schützt. Ohne Wälder würde all das einfach nur die Abhänge herunterrutschen. So aber wird es von den Bäumen und Büschen abgefangen. Gerade in gebirgigen Regionen ist das sehr wichtig.
- Die Wurzeln der Bäume verhindern Erdrutsche. Auch diese könnten für Menschen und Tiere gefährlich werden.
- Wälder dienen auch als natürliche Luftfilter. Sie filtern Staub und Schadstoffe aus der Luft und produzieren aus CO_2wertvollen Sauerstoff.

- Hast du einmal die Stille des Waldes genossen? Der Wald selbst ist nicht nur herrlich still, er dient mit seinen dichten Ästen und Blättern auch als Lärmschutz.
- Er bietet uns die Möglichkeit zur Ruhe und Erholung.
- Die wichtigste Funktion, die der Wald jedoch erfüllt, ist, ein Zuhause für viele Tiere und Pflanzen zu sein. Dieses Zuhause müssen wir schützen, so gut es uns möglich ist.

Der Wald als Lebensraum

Für zahlreiche Tier- und Pflanzenarten ist der Wald ein wichtiger Lebensraum. Oft ist er der einzige Lebensraum. Sie finden in ihm die Ruhe und den Schutz, den sie benötigen. Oder kannst du dir vorstellen, wie ein Reh oder ein Wildschwein auf einer asphaltierten Straße überleben sollten? Sie müssen sich Höhlen bauen können, sie müssen die Möglichkeit haben, sich im Blätterwerk der Bäume Nester zu bauen und sich in die Erde zu graben. Nur der Wald bietet den Waldtieren ausreichend Nahrung mit seinen vielen Pflanzen und Rinden. Nur hier kann eine Vielzahl an Insekten Schutz und Nahrung finden. Diese Insekten wiederum sind Nahrung für größere Tiere. So schließt sich der ökologische Kreislauf, den es ohne den Lebensraum Wald nicht geben würde.

Da der Wald nicht nur ein fester Lebensraum ist, sondern einen Kreislauf der Natur umschließt, nennen wir ihn auch Ökosystem. Bei diesem Ökosystem hängt eines vom anderen ab: Ohne Bäume gibt es keine Insekten, ohne Insekten keine größeren Tiere. Somit gäbe es keine Pflanzen, denn mit der Nahrungsmittelaufnahme sorgen alle Tierarten auch für die Verbreitung der Samen, sei es durch ihren Kot, durch Nektar oder Bestäubung. So, wie die Tiere auf den Wald angewiesen sind, so ist der Wald also auch auf die Tiere angewiesen. Das verstehst du am besten anhand folgenden Beispiels: Der Wald bietet einen wichtigen Lebensraum für das Eichhörnchen. Dieses legt in den warmen Monaten seinen Wintervorrat an, indem es Eicheln und Nüsse vergräbt. Nicht alle diese Schätze findet es im Winter wieder. Einige vergisst es auch. Und so wachsen aus dem vergessenen Vorrat neue Bäume und Sträucher. Das Eichhörnchen betätigt sich also als Gärtner, ohne dass es davon etwas ahnt. Es ist nachhaltig, ohne dass es weiß, was Nachhaltigkeit ist. So in etwa funktioniert das gesamte Zusammenleben im Wald.

Es ist wichtig, dass diese Waldökosysteme stabil und gesund sind. Wenn das Klima verrückt spielt, leiden die Pflanzen darunter. Ohne Pflanzen können die Tier nicht überleben, die Qualität von Wasser und Luft werden verschlechtert und so weiter. Es bildet also alles miteinander einen riesigen Kreislauf, den niemand stören sollte.

Doch genau das ist wieder einmal gefährdet.

Es gibt vieles, was für unseren Wald eine Gefahr darstellt:

- Übermäßige Rodung, das heißt Abholzung der Bäume, weil wir Menschen einen gesteigerten Bedarf an Holz haben
- Keine nachhaltige Bewirtschaftung. Das bedeutet: Wenn wir mehr vm Wald nehmen, als wir ihm zurückgeben, beuten wir ihn aus und nehmen ihm die Chance, sich zu erholen.

- Luftverschmutzung
- Wasserverschmutzung
- Zerstörte Baumkronen
- Zerstörte Wurzeln
- Schlechter Waldboden, zum Beispiel bei saurem Regen
- Klimawandel
- Schädlinge, die die Pflanzen befallen
- Dürre
- Waldbrände
- Schäden, die von Waldtieren verursacht werden
- Eingewanderte Tier- und Pflanzenarten

Du siehst, die Ursachen für Waldsterben sind ganz unterschiedlicher Art. Du wirst sicher bemerkt haben, dass der Mensch nicht an allem schuld ist. Doch er greift an vielen Punkten ganz massiv in die Natur ein. Für übermäßiges Holzfällen oder die Verschmutzung und den Klimawandel haben wir selbst die Verantwortung zu übernehmen. Aber es gibt auch Punkte, die im ersten Moment nichts mit dem Menschen zu tun haben. Das betrifft beispielsweise Schäden, die durch Tiere verursacht werden. Doch häufig hat der Mensch auch diese Gefahr beeinflusst. Wenn wir beispielsweise Tieren den Lebensraum nehmen, sind sie gezwungen, sich einen neuen zu suchen. So werden manchmal viel mehr Tiere in einem Wald zusammengetrieben, als für diesen gesund ist.

Auch eingewanderte Tiere haben nicht einfach von sich aus den Weg aus einem anderen Land angetreten, um sich in unseren Wäldern niederzulassen. Sie wurden von Menschen irgendwann mitgenommen und hier angesiedelt. Ein gutes Beispiel dafür ist der Waschbär. Der stammt ursprünglich aus Nordamerika. Nun verbreitet er sich dank dem Menschen auch bei uns und richtet sehr viel Schaden an.

Steht es schlecht um unseren Wald?

Um zu sehen, wie es unserem Wald geht, kontrollieren Wissenschaftler jedes Jahr die Baumkronen. An den Ästen und Blättern kann man nämlich erkennen, wie gesund ein Baum ist. Das ist so ein bisschen wie bei Menschen. Man erkennt bei uns im Gesicht auch ganz gut, ob wir gesund und fit sind oder krank.

Früher haben sich die Menschen darüber keine Gedanken gemacht. Erst vor rund 40 Jahren begannen Wissenschaftler, den Zustand des deutschen Waldes zu überprüfen. Damals waren alle furchtbar geschockt, als sie merkten, dass die Bäume fast alle krank waren und der Wald somit immer mehr zerstört wurde. Zum ersten Mal sprach man vom großen „Waldsterben". Doch was war die Ursache dafür? Die meisten Forscher dachten, dass es die vielen Abgase sind, die in die Luft geblasen werden. Damit meinen sie in erster Linie den Anteil am giftigen Schwefeldioxid in der Luft, welches durch die Abgase erzeugt wird. Seitdem arbeiten alle daran, diese Werte zu verbessern. Mit Erfolg. Tatsächlich wurden die „Emissionswerte", wie die Werte dieser schlechten Luft genannt werden, seitdem verringert. Doch am Waldsterben hat das leider gar nicht so viel geändert. Seit 40 Jahren überprüfen die Wissenschaftlicher jedes Jahr den Zustand des Waldes, und obwohl sich die Luft verbessert hat, geht es unserem Wald nicht deutlich besser.

So stellten die Wissenschaftler im Jahr 2017 fest, dass nur ein Drittel aller Bäume im Wald gesund sind. Das bedeutet, von drei Bäumen ist einer nur gesund. Die anderen beiden sind krank. Bei einigen erkennt man bis jetzt nur, dass die Blätter in der Baumkrone nicht mehr ganz so dicht sind. Das ist sozusagen ein erstes Warnzeichen. Doch bei mehr als 40 Prozent der Bäume sind Schäden bemerkbar. Das ist eine traurige Entwicklung, findest du nicht?

Wie kann das sein, wenn doch der Anteil an Schwefeldioxid verringert wurde? Die Wissenschaftler wissen heute, dass weitere Schadstoffe unseren Wald belasten. Dazu gehört zum Beispiel ein chemischer Stoff namens Ammoniak. Ein großer Teil davon stammt aus der Landwirtschaft. Stickstoffverbindungen, die die Luft verschmutzen und zum Waldsterben beitragen, entstehen überall, wo Motoren laufen, beispielsweise durch Autos. Wenn viel zu viel Stickstoff in der Luft ist, kann die „grüne Lunge" nicht atmen. Dadurch wird der Boden im Wald nicht mehr ausreichend mit Nährstoffen versorgt. Diese Nährstoffe fehlen den Pflanzen dann aber. Es ist dann wie mit uns Menschen, wenn wir nicht ausreichend Vitamine und Nährstoffe bekommen: Wir werden anfälliger für Krankheiten. Auch der Wald ist dann viel anfälliger für Stress und Krankheiten, wenn ihm die Nährstoffe fehlen.

Ein wichtiger Punkt – das kannst du dir nun sicher bereits denken – ist auch hier der Klimawandel. Darüber haben wir bereits ausführlich gesprochen. Du weißt bereits, dass es durch die klimatischen Veränderungen zu Hitze und Dürre kommen kann, so dass der Waldboden nicht ausreichend mit Feuchtigkeit versorgt wird und in Stress gerät. Stress heißt in diesem Fall, dass der Wald mit einer Situation zurechtkommen muss, auf die er nicht vorbereitet, ist und die es ihm schwermacht, auf natürliche, gesunde Art und Weise zu wachsen. Da es im Winter mittlerweile viel wärmer ist als früher und gleichzeitig mehr regnet, haben Schädlinge wie der Borkenkäfer die Möglichkeit, sich ungehindert auszubreiten und dem Wald zusätzlichen Schaden zuzufügen.

Zu guter Letzt dürfen wir nicht vergessen, dass wir durch unsere vielen Siedlungen und Straßen den Lebensraum der Tiere zerteilen. Ein Reh beispielsweise hatte früher eine viel größere Waldfläche zur

Verfügung als heute. Die Wege zu benachbarten Waldgebieten sind durch Siedlungen, Straßen und Zäune oft versperrt. Ein kleinerer Lebensraum bedeutet gleichzeitig weniger Nahrung für das Tier und eine höhere Konkurrenz untereinander. Schließlich müssen sich ja mehrere Tiere den kleinen Raum teilen.

Was können wir Menschen tun, um den Wald zu schützen?

Grundsätzlich ist es wichtig, dass alle Menschen sich an das Prinzip der Nachhaltigkeit halten: Es darf immer nur so viel Holz geschlagen werden, wie auch wieder nachwachsen kann. Das ist logisch.

Damit sich alle für den Waldschutz verantwortlich fühlen, wurde in Deutschland sogar ein Gesetz erlassen. Das „Bundeswaldgesetz" besagt ganz deutlich, dass alle Menschen in Deutschland daran arbeiten müssen, den Wald zu schützen und damit zu erhalten. Dabei gibt es aber einen Nachteil. Wir nutzen den Wald alle ja auch. Das heißt, jeder Mensch hat ein Interesse daran, etwas von dem Wald für sich zu nehmen. Wir brauchen Holz und Papier. Wir suchen Ruhe und Erholung. Wir sind gerne im Wald, um darin zu spielen und Sport zu machen. Das alles will und kann uns niemand verbieten. Deshalb heißt es in dem Waldschutzgesetz, dass man die Interessen abwägen muss. Es ist beispielsweise im Interesse aller, dass weiterhin Holz geschlagen wird. Denn Holz ist gegenüber Plastik ein umweltverträgliches Material. Gleichzeitig müssen wir darauf achten, dass die

Abholzung nachhaltig geschieht. Du siehst, es ist alles gar nicht so einfach. Gute Lösungen finden auch Erwachsene nicht immer sofort.

Nachgedacht, kleiner Erdenretter! Was kannst du persönlich tun, um den Wald zu schützen?

- Es geht ja in diesem Buch um dich als Superheld der Umwelt und darum, was du persönlich zum Umweltschutz beitragen kannst. Doch beim Thema Wald kommt schnell Ratlosigkeit auf. Schließlich läufst du ja gar nicht mit der Axt in den Wald, um Holz zu schlagen. Du fährst auch nicht selbst Auto und steigerst damit den Stickstoff-Ausstoß.
- Doch natürlich kannst auch du etwas tun!
- Wenn du im Wald bist, nimm Rücksicht auf ihn! Bleibe nur auf den ausgewiesenen Wegen und trampele nicht auf irgendwelchen Pflanzen herum!
- Mach keinen übermäßigen Lärm. Damit störst du die Tiere des Waldes unnötig.
- Nutze, wie du es bereits gelernt hast, recyceltes Papier, das du am „Blauen Umweltengel" erkennen kannst. Damit leistest du deinen Beitrag, dass weniger Holz geschlagen werden muss.
- Achte mit deinen Eltern gemeinsam beim Einkauf darauf, dass ihr euch für Holzprodukte entscheidet, die aus nachhaltiger Forstwirtschaft stammen. Diese haben Zeichen wie beispielsweise das FSC-Siegel oder das PEFC-Siegel. Bitte deine Eltern, dir hierbei zu helfen.

Was der Tierschutz mit Umweltschutz zu tun hat

Tierschutz und Umweltschutz hängen zusammen. Das ist erst einmal ganz selbstverständlich, denn wenn wir „Umwelt“ sagen, meinen wir ja alles, was natürlich ist und uns auf dieser Erde umgibt. Dazu gehört die gesamte Flora und Fauna. Mit diesen lateinischen Begriffen ist die Tier- und Pflanzenwelt gemeint.

Streng genommen unterscheiden wir hier zwischen Tierschutz, Umweltschutz und Naturschutz.

Wenn wir sagen Naturschutz, so erinnern wir uns daran, dass wir die Natur, in der Tiere ihren Lebensraum haben, schonen müssen. Der Umweltschutz schließt alle Tiere mit ein, die in freier Natur in dieser Umwelt leben. Über die Tiere im Meer und die Bewohner des Waldes haben wir ja bereits gesprochen. Der Begriff Tierschutz meint konkret den Schutz einzelner Tiere. Das betrifft vor allen Dingen die Tiere, die wir Menschen als Haus- und Nutztiere besitzen.

Das ist etwas kompliziert. Deshalb nennen wir der Einfachheit halber hier Tierschutz alles, was mit dem Schutz von Tierarten zu tun hat.

Welche Bedeutung haben Tiere für unsere Umwelt?

Tiere sind Teil dieser Umwelt, Teil eines Ökosystems. Das hast du be-

reits am Beispiel mit den Eichhörnchen erfahren. Die Natur ist ein perfekter Kreislauf, in dem die Tiere eine wichtige Rolle spielen. Sie halten das Ökosystem im Gleichgewicht. Dabei erfüllen bestimmte Tiere auch bestimmte Funktionen. Die einen sorgen für die Befruchtung und Verbreitung von Samen. Die anderen regulieren – ohne dass sie es wissen – den Bestand, allein indem sie fressen. Diesen Tieren den Lebensraum zu nehmen, heißt, sie sterben zu lassen. Doch diese Tiere sterben zu lassen, bedeutet auch, die Natur sterben zu lassen.

Welche Tiere müssen wir schützen?

Ein echter Umweltschützer schützt immer auch alle Tiere, da sie Teil der Natur sind. Da darf es also gar keine Ausnahmen geben. Besonders schützenswert sind aber die Tiere, die einen wesentlichen Beitrag zum Erhalt der Natur leisten.

Tiere, die Vorräte anlegen wie Eichhörnchen, Igel und andere Nager, sorgen für eine neue Anpflanzung.

Eine ganz besondere Rolle spielen außerdem Insekten. Und zwar jene, die von Blüte zu Blüte fliegen und mit ihrem Körper die vielen

Pollen einsammeln, sie weitertragen und damit zur Bestäubung der Pflanzen beitragen. Das sind Bienen, Hummeln, aber auch Schmetterlinge und zahlreiche andere Insekten. Gerade das Thema Bienensterben hat in den letzten Monaten sehr viele Menschen beschäftigt. Wir haben nämlich festgestellt, dass es immer weniger Bienen in unserem Land gibt. Woran das liegt, ist klar: Zum einen nehmen wir den Bienen immer mehr Lebensraum, indem wir Straßen, Häuser, Sportplätze und Städte bauen. Überall dort, wo wir unberührte Natur zerstören, nehmen wir den Bienen ihre wichtigste Futterquelle. Das gilt auch für schöne Grünanlagen und Parks, wenn es dort nicht genügend Blumen gibt. Denn von einer grünen Wiese allein wird keine Biene satt. Das ist so, als ob man dich vor einen leeren Teller setzen würde. Gerade in letzter Zeit finden es Menschen besonders schick, wenn sie ihre Vorgärten mit Steinen gestalten und nur wenig einzelne Pflanzen hineinsetzen. Das mag zwar sehr modern sein, gut aussehen und mit Sicherheit auch sehr leicht zu pflegen – aber für Insekten wie die Honigbiene ist so etwas ein leerer Tisch.

Neben diesen fehlenden Blumenwiesen sind es aber natürlich auch die bereits angesprochenen Umweltprobleme, die auch unserer Honigbiene zu schaffen machen. Als Teil des Ökosystems ist sie durch Klimawandel, Luft- und Wasserverschmutzung genauso bedroht wie alle anderen Lebewesen auch.

Wusstest du ……, dass die Biene das drittwichtigste Nutztier für uns Menschen ist?

Ohne die Biene könnten wir alle nicht leben. Das ist jetzt vielleicht eine große Überraschung für dich. Magst du etwa keinen Honig? So wie du vielleicht jetzt, haben viele andere Menschen auch reagiert. Sie dachten: So wichtig ist die Biene für mich nicht. Ich mag ja gar keinen Honig!

Dabei geht es gar nicht um den Honig. Vielleicht hast du bereits von Albert Einstein gehört, der ein weltberühmter Wissenschaftler war. Der stellte bereits vor einigen Jahrzehnten fest, dass die Menschen sich darum kümmern müssten, dass die Honigbiene nicht aussterbe. Er sagte: „Wenn die Biene von der Erde verschwindet, dann hat der Mensch nur noch vier Jahre zu leben; keine Bienen mehr, keine Bestäubung mehr, keine Pflanzen mehr, keine Tiere mehr, keine Menschen mehr."

Um dieses Problem zu verdeutlichen, hat eine bekannte Supermarktkette auf das aktuelle Bienensterben reagiert und einfach mal für einen Tag alles aus dem Regal genommen, was wir nicht hätten, wenn es die Honigbiene nicht gäbe. Die Regale waren so gut wie leer. Von einigen ungesunden, künstlich erzeugten Lebensmitteln mal abgesehen.

Die Biene sorgt also dafür, dass die Pollen weitergetragen werden und so Pflanzen aller Art sich weiterhin vermehren und wachsen.

Wie sieht Tierschutz aus?

Als erfahrener Umweltschützer weißt du natürlich längst, dass alles, was du bisher für die Umwelt getan hast, auch den Tieren zugutekommt. Wenn du Energie sparst, hilfst du, das Klima zu schonen, Luft- und Wasserverschmutzung zu vermeiden und dabei auch noch den Wald und seine Bewohner zu respektieren, hast du auch einen sehr großen Beitrag zum Tierschutz geleistet. Aber du kannst noch ein bisschen mehr tun.

- Gehe rücksichtsvoll und sorgsam mit der Natur um, in der die Tiere leben.
- Biete Tieren im Winter Futterstellen.
- Vögeln kannst du Nistplätze schaffen. Vielleicht magst du einmal einen Nistkasten selbst bauen?
- Wenn du schon beim Bauen bist: Wie wäre es mit einem Insektenhotel? So etwas kann man mit wenigen Materialien, die du bereits zuhause hast, ganz einfach selbst bauen. Insekten können darin ihre Eier und Larven ablegen. Deine Eltern helfen dir sicher gerne dabei.
- Lass Laubberge und Haufen aus abgeschnittenen Ästen etc. im Garten ruhig liegen beziehungsweise bitte deine Eltern darum, diese nicht zu entsorgen. Sie bieten im Winter Nagetieren und dem Igel Unterschlupf.
- Pflanze, wenn möglich, bunte Wildwiesen. Vielleicht habt ihr einen Garten und damit genügend Platz für eine bunte

Blumenwiese. Aber auch in der Wohnung kannst du für Blütenpracht sorgen. Streu doch einfach ein paar Wildblumensamen in einen Blumenkasten am Fenster. In der Stadt freuen sich die Bienen und Schmetterlinge ganz besonders darüber.

- Töte keine Insekten. Auch Wespen und andere Insekten brauchen unseren Schutz. Auch sie sind Teil des Ökosystems.

Es gibt darüber hinaus auch die Nutztiere wie Schweine, Kühe oder Hühner, die wir essen oder von denen wir Lebensmittel wie Milchprodukte oder Eier erhalten. Was viele Menschen nicht wissen: Auch diese Tiere müssen wir im Sinne des Umweltschutzes auf besondere Weise schützen.

Wenn unser Essen die Umwelt belastet

Früher hatten die Menschen nur das zu essen, was sie selbst erwirtschaftet haben. Ein Bauer hatte seine eigenen Hühner, Kühe oder Schweine, und er konnte nur das als Nahrung verwerten, was diese Tiere ihm schenkten. Wer keine Tiere hatte, konnte sich von einem anderen Bauern Milch, Eier und Fleisch kaufen. Doch in Massen war all das nie da. Wie auch? Eine Kuh gibt nicht unbegrenzt Milch. Und es hat auch niemand so viele Schweine, dass er jeden Tag eines schlachten könnte. Deshalb waren diese tierischen Nahrungsmittel früher etwas Besonderes und eher knapp. Vielleicht hast du noch eine Oma oder einen Opa, die dir erzählen können, dass es früher nicht jeden Tag Fleisch gab. Denn Fleisch war so selten, dass es sehr teuer war. Und das konnte man sich natürlich auch nicht jeden Tag leisten.

Obst und Gemüse war abhängig von der Saison. Wenn Äpfel zum Beispiel nur im Sommer wuchsen, dann gab es sie eben auch nur im Sommer. In jedem Monat wuchsen andere Sorten, danach hat man sich eben gerichtet. Im Winter lebte man von getrockneten Früchten oder Obst wie Äpfeln, die man gut lagern konnte.

Heute ist das vollkommen anders. Wir alle sind es gewohnt, dass wir jederzeit in den Supermarkt gehen können und dort bekommen wir alles, worauf wir gerade Lust haben. Und darüber hinaus wollen wir natürlich auch, dass das alles nicht so viel kostet. Die Supermärkte bemühen sich, dieses Angebot immer parat zu haben. Doch das hat schlimme Auswirkungen auf die Umwelt.

Wie die Landwirtschaft die Luft, das Wasser und den Boden vergiftet

Damit ein Bauer möglichst viel erwirtschaftet, muss er sich einiges einfallen lassen. Durch ganz normales Pflanzen und Ernten kann kein Landwirt die große Nachfrage an Obst und Gemüse erfüllen. Wie du bereits weißt, bedienen sich die Landwirte hier einer einfachen Methode: Sie benutzen Düngemittel, die dafür sorgen, dass die Pflanzen besser wachsen, größer werden und mehr Ertrag bringen. So ist immer genügend für alle da, die im Supermarkt einkaufen. Gleichzeitig brauchen die Landwirte auch Chemikalien, die Schädlinge fernhalten.

Diese Giftstoffe sind auch für uns Menschen nicht gerade gesund. Und sie landen überall: im Boden, wo sie auch die Bäume und Pflanzen schädigen, in der Luft und im Wasser.

Treibhauseffekte durch Transportwege

Es gibt Lebensmittel, die nicht in Deutschland angebaut werden können oder die in anderen Ländern günstiger sind. Diese müssen erst einmal von anderen Kontingenten zu uns herüber verfrachtet werden. Das geschieht mit Frachtschiffen oder Transportflugzeugen. Beide belasten das Klima. Flugzeuge erhöhen den Treibhauseffekt wegen des riesigen CO_2-Ausstoßes. Die Schiffe auf dem Meer tun dies ebenfalls. Und sie tragen zur Verschmutzung der Meere bei. Darüber hinaus sind sie ebenfalls mitverantwortlich für Plastikmüll in den Weltmeeren. Und das alles nur, damit auf unseren Obsttellern Früchte aus Südamerika landen.

Zerstörung von Lebensraum

Um genügend landwirtschaftliche Fläche zu schaffen, müssen Unmengen von Wäldern und Wiesen gerodet werden. Dazu werden unzählige Bäume gefällt und somit wichtiger Lebensraum für alle Tier- und Pflanzenarten zerstört. Damit schädigen wir wiederum unser Klima.

Durch die Landwirtschaft werden die Böden auch nicht nur mit Düngemitteln und Pflanzenschutzmitteln verseucht, sie verlieren durch übermäßiges Bepflanzen irgendwann auch alle Nährstoffe. Wir laugen den Boden also völlig aus, so dass nicht mehr genügend Nährstoffe für Pflanzen vorhanden sind.

Das Problem der Massentierhaltung

Der gestiegene Bedarf an günstigem Fleisch kann nur dadurch bedient werden, dass Landwirte möglichst sehr viele Nutztiere auf möglichst kleinem Raum und so günstig wie möglich halten.

Das heißt: Natürlich könnte ein Landwirt eine Kuh auf einer schönen Wiese stehen haben und ihr saftiges Weidegras zum Fressen geben. Das wäre eine glückliche Kuh, nur würde der Landwirt damit nicht sonderlich viel Fleisch erzeugen Überleg dir mal, wie lange eine junge Kuh Gras fressen müsste, um genügend Fleisch anzusetzen. Es dauerte mindestens ein Jahr, bis der Landwirt sie schlachten könnte. Der Unterhalt dieser Kuh wäre dabei so hoch, dass er das Fleisch entsprechend teuer verkaufen müsste, um überhaupt noch etwas für sich selbst zu verdienen. Du merkst selbst: Diese Rechnung geht nicht auch. Und so ist es leider völlig normal, dass so viele Kühe auf der vorhandene Fläche gehalten werden, wie draufpassen. Sie stehen in engen Ställen, Seite an Seite, können sich nicht bewegen und sehen manchmal nicht mal das Tageslicht. Damit sie möglichst schnell schlachtreif sind, bekommen sie künstlich angereichertes Futter.

So etwas nennen wir Massentierhaltung. Es ist für die Tiere genauso schlimm, wie es sich liest.

Doch auch für die Umwelt ist Massentierhaltung sehr schädlich.

Aus folgenden Gründen:

- Die Massen an Tieren auf engstem Raum produzieren natürlich auch Ausscheidungen und Gase, die beim Verdauen entstehen. Kaum zu glauben, aber in der Masse steigern sie damit den Treibhauseffekt.
- Für die Anpflanzung von Futtermitteln und Weideflächen müssen zahlreiche Wälder abgeholzt werden. Das gilt ganz besonders für den bedrohten Regenwald in Südamerika. Der Regenwald ist jedoch mit seiner Größe ungemein wichtig für das Klima.
- Durch die Abholzung werden weitere Tier- und Pflanzenarten, die teilweise noch gar nicht entdeckt wurden, gleich mit zerstört.
- Da großflächig nur bestimmte Futterpflanzen angebaut werden müssen, gibt es immer weniger Artenvielfalt in diesen Gebieten.
- Die Meere werden überfischt, weil auch der Bedarf an billigem Fisch steigt. Als Überfischung bezeichnen wir, wenn wir mehr Fische aus dem Wasser holen, als das Ökosystem Meer verkraften kann. Auch zerstören wir die Artenvielfalt.
- Durch Dünge- und Schädlingsbekämpfungsmittel bei der Futtermittelproduktion, aber auch bei der Tierhaltung, kommt es zu starker Wasserverschmutzung.
- Die Qualität der Böden wird immer schlechter. Die Böden werden nährstoffärmer, weil wir sie völlig ausbeuten.

- Durch die Massentierhaltung werden Feinstaub, Staub und andere Stoffe in die Luft geblasen. Damit tragen wir massiv zur Luftverschmutzung bei.

Wieder einmal wird klar, wie sehr das alles zusammenhängt. Und immer wieder stellen wir am Ende fest, dass wir selbst es sind, denen wir langfristig schaden.

Was heißt das für dich als Erdenretter?

Du kannst als kleiner Weltenretter mitbestimmen, was bei euch zuhause auf dem Tisch landet. Sprich mit deinen Eltern über das Problem und überlegt gemeinsam, wie ihr eure Ess- und Ernährungsgewohnheiten umstellen könnt.

Folgende Ideen hätten wir für dich:

- Kauft keine Produkte aus Massentierhaltung. Diese sind auch auf den Verpackungen gekennzeichnet.
- Kauft Fleisch und Milchprodukte falls möglich bei regionalen Landwirten. So könnt ihr sicher sein, dass die Tiere artgerecht gehalten, keine Chemikalien eingesetzt und keine Transportwege nötig wurden.
- Achtet auch beim Kauf von Obst und Gemüse darauf, dass diese keine langen Transportwege hinter sich haben.
- Esst Obst nach Saison. Immer dann, wenn sie eigentlich ganz natürlich in der Natur wachsen, ist ihre Zeit.

- Wenn ihr die Möglichkeit habt, pflanzt doch mal eigenes Obst und Gemüse an. Das ist umweltfreundlich, gesund und meist auch viel leckerer als gekauftes Obst und Gemüse.
- Überlegt euch, ob ihr der Umwelt zuliebe auf etwas verzichten könnt. Muss es denn so häufig Fleisch sei? Könnt ihr manchmal vielleicht auf alternative Produkte zurückgreifen?

Wenn jeder Mensch bei der Wahl seiner Lebensmittel ein bisschen nachdenkt und verantwortungsbewusst handelt, lebt er nicht nur gesünder, sondern tut auch der Umwelt etwas Gutes. Und die vielen Kühe, Schweine und Hühner freuen sich auch!

Kleidung - Ist es egal, was wir anziehen?

Freust du dich auch, wenn du ein cooles neues T-Shirt bekommst? Zugegeben: Neue Kleider machen Spaß. Und ein bisschen magst du ja auch, wenn deine Klassenkameraden und Klassenkameradinnen dich für deine neuen Klamotten bewundern. Doch wusstest du, dass du mit der richtigen Kleidung auch zum Umweltschutz beiträgst? Oder umgekehrt: Dass du mit der Kleidung, die du vielleicht hast, der Erde schaden könntest? Wie kann das sein? Ist es der Umwelt nicht egal, was wir anziehen?

Um das zu verstehen, sollten wir erst einmal überlegen, wo die Kleidung überhaupt herkommt, die du im Geschäft einkaufst.

Woher kommt unsere Kleidung, und was hat das mit Umweltschutz zu tun?

Wirf doch mal einen Blick in deine Klamotten: Irgendwo darin befindet

sich sicher ein kleines Schildchen, auf dem so etwas steht wie „Made in ...“ Dann folgt das Land, in dem dein Kleidungsstück hergestellt wurde. „Made in India“ heißt beispielsweise, dass dieses T-Shirt oder diese Hose in Indien hergestellt wurde.

Das kommt ziemlich häufig vor, denn in Indien werden weltweit die meisten Kleidungsstücke hergestellt. In Indien wie auch in Ländern wie Bangladesch oder China. Du besitzt vielleicht Kleidungsstücke von deutschen, italienischen oder amerikanischen Marken. Aber die Marke sagt nichts darüber aus, wo die Kleidung letzten Endes hergestellt wurde. Die meisten deutschen wie auch andere Firmen lassen ihre Kleidung in Ländern wie Indien herstellen. Es gibt einen ganz einfachen Grund, warum sie das tun: Es ist einfach am billigsten. In Ländern wie Indien bekommen die Arbeiter, die die Kleider nähen viel weniger Geld als beispielsweise in Deutschland. Man muss ihnen also viel weniger Lohn zahlen. Auch müssen viele Versicherungen nicht gezahlt werden. Die Unterhaltung der Fabriken ist ebenfalls viel billiger. Und darüber hinaus ist bei der Produktion in Indien vieles erlaubt, was in Deutschland verboten ist. Kurz: In Ländern wie Indien kann eine Kleiderfirma massenhaft Kleidung für relativ wenig Geld herstellen. Umso größer ist somit der Gewinn.

Das wurde viele Jahre lang einfach so gemacht. Doch jetzt sind eine Reihe von Problemen entstanden. Viele betreffen die Arbeitsbedingungen der Näher in Indien. Für die ist das Leben nämlich alles andere als leicht. Doch auch die Umwelt wird durch die indische Produktion enorm belastet:

- Damit genügend Baumwolle für die Kleidung angebaut werden kann, setzen auch hier die Bauern zahlreiche giftige Schädlingsbekämpfungsmittel und Dünger ein. Diese Stoffe sind in Deutschland meist verboten, aber in Indien kann man sie straffrei einsetzen. Diese Gifte sickern ins Grundwasser und fließen von dort in unsere Weltmeere. So leiden wir alle unter den Schadstoffen.
- Für die übermäßige Produktion von Baumwolle werden Unmengen von Wasser verbraucht. Für ein Kilogramm Baumwolle werden in Indien rund 22.000 Liter Wasserbenötigt. Ist das nicht verrückt? Erst recht, wenn man bedenkt, dass die Bewohner Indiens unter Wassermangel leiden.
- Für die Produktion von Kleidung sind Gerbereien im Einsatz. Hier werden die Stoffe hergestellt und eingefärbt. Dabei kommen wieder giftige Chemikalien zum Einsatz. Diese Gerbereien erzeugen an einem einzigen Tag etwa 50 Millionen Liter Abwasser. Dabei lässt die Wasseraufbereitung in Indien zu wünschen übrig. In Delhi gibt es beispielsweise nur eine Kläranlage. Die kann so viel schmutziges Wasser gar nicht bewältigen! Und so nutzen Menschen

schmutziges Wasser zur Bewässerung ihrer Felder. Damit gelangen Gifte in die Nahrungsmittel und ins Grundwasser.

- Sind die Kleidungsstücke erst einmal fertig, müssen sie mit dem Schiff und LKWs bis nach Deutschland transportiert werden. Das bedeutet einen zusätzlichen sehr hohen Grad an Umweltverschmutzung, wie du ja bereits gelernt hast.
- Wahrscheinlich bist du nun richtig erschrocken, denn du hast sicher nicht gewusst, dass ein einfaches T-Shirt soviel Umweltverschmutzung auslösen kann.
- Doch du wärst nicht ein engagierter Umweltschützer und Superheld, wenn du auch daran nicht etwas ändern könntest. Natürlich brauchst du auch hier die Unterstützung deiner Eltern, denn die kaufen wahrscheinlich deine Kleidung . Erkläre ihnen, was du gelernt hast. Sicher denken sie in Zukunft über die Kleidung, die sie kaufen, auch ganz anders.

Challenge: Augen auf beim Kleiderkauf!

Das solltest du beim Kleiderkauf beachten:

- Bitte deine Eltern, nur Kleidung zu kaufen, die aus fairem und biologischem Handel stammen. Dafür gibt es Siegel. Doch Vorsicht: Nicht jedes Biosiegel ist vertrauenswürdig. Da müssen deine Eltern lieber zweimal hinschauen und sicherheitshalber mal im Internet nachschauen, was es an Informationen zu dem Händler zu finden gibt.
- Schaut immer auf das Etikett: Welche Färbe- und Bleichmittel wurden verwendet? Je weniger Chemie drin ist, umso besser ist es für dich und für die Umwelt.
- Kauft ruhig auch einmal gebrauchte Kleidung im Second Hand Shop oder auf einem Basar. Oft geben Leute noch richtig gute Kleidungsstücke weiter. Und für die Umwelt ist es das Beste, wenn Sachen gleich zweimal getragen werden.
- Lust auf etwas Neues? Wie wäre es mit einer Kleidertauschbörse? So etwas gibt es. Auch da muss nicht gleich ein neues T-Shirt hergestellt werden, wenn jemand anderes eines weggeben möchte, das dir super gut gefällt.

- Was du nicht mehr brauchst, sollte nicht einfach weggeworfen werden. Gib deine Kleidungsstücke sinnvoll weiter: an Bedürftige, in Kleidersammlungen oder verkauft sie auf einem Kleiderflohmarkt.

Das könnt ihr außerdem tun, um die Umwelt zu schonen:

- Umweltbewusst waschen. Kleidungsstücke sollten nur dann gewaschen werden, wenn sie wirklich schmutzig sind.
- Wascht eure Kleidung bei niedrigen Temperaturen. Das spart wertvolle Energie.
- Benutzt umweltfreundliche Waschmittel. So verhindert ihr Chemie im Abwasser.
- Stellt die Waschmaschine nur an, wenn die Trommel voll ist. Die Waschmaschine mit nur wenigen Kleidungsstücken laufen zu lassen, ist Energie- und Wasserverschwendung.
- Lasst die Kleidung, wenn möglich, auf der Wäscheleine trocknen statt sie in den Trockner zu geben. Auch das spart Energie.

Verabschiedung

Puh, lieber Umweltretter. Das waren richtig viele Informationen für dich. Und wahrscheinlich schwirrt dir der Kopf. Aber wenn du bis hierher gelesen hast, kannst du richtig stolz auf dich sein, denn du hast viel gelernt. Du weißt jetzt mehr als die viele Erwachsenen und das macht dich zum echten Superhelden der Umwelt.

Das alles umzusetzen ist ganz sicher nicht einfach. Es geht auch nicht von heute auf morgen. Wichtig ist, sich erst einmal über die Probleme und Gefahren informiert zu haben und zu wissen, was du selbst dazu beitragen kannst, diese Erde zu retten. Bitte deine Eltern, aber auch Lehrer und Freunde, dich bei deiner Superhelden-Mission zu unterstützen. Denn allein kann niemand diese große Aufgabe bewältigen.

Wenn du Angst hast, dir all die wichtigen Aufgaben nicht merken zu können, dann überlege dir ein kleines Erinnerungssystem. Ein rotes Gummiband um den Wasserhahn kann eine Gedächtnisstütze dafür sein, diesen immer schön fest zuzudrehen. Schilder erinnern dich daran, das Licht zu löschen, wenn du einen Raum verlässt. Auf diese Weise kannst du auch deine Eltern täglich daran erinnern, dass ihr in Sachen Umwelt an einem Strang ziehen müsst.

Zu guter Letzt: Weißt du, was einen echten Superhelden ausmacht? Dass er niemals nachlässt und die Augen immer offenhält. Wenn du wachsam bist, fallen dir tagtäglich weitere Stolperfallen auf, die in diesem Buch noch gar nicht berücksichtigt wurden. Und mit Sicherheit kommen dir auch täglich neue Ideen für weitere Umwelt-Missionen.

Vergiss nicht: Die Erde braucht dich!

Impressum

© Martina Baumgartner 2020

Kontakt: Stanislaw Schöner | Dr.-Hans-Liebherr-Straße 36/1 | 88416 Ochsenhausen

Gestaltung: Arthur Reisbich

Printed in Poland
by Amazon Fulfillment
Poland Sp. z o.o., Wrocław

65909425R00082